Gustave Le Bon

Psychologie des Foules

乌合之众

群体心理研究

[法] 古斯塔夫·勒庞 著　亦言 译

广东人民出版社
·广州·

图书在版编目（CIP）数据

乌合之众 / （法）古斯塔夫·勒庞著；亦言译. —广州：广东人民出版社，2020.8（2023.9重印）
ISBN 978-7-218-14310-1

Ⅰ．①乌… Ⅱ．①古… ②亦… Ⅲ．①群众心理学—研究 Ⅳ．①C912.64

中国版本图书馆CIP数据核字（2020）第099448号

WUHEZHIZHONG
乌合之众
［法］古斯塔夫·勒庞 著
亦言 译

版权所有 翻印必究

出 版 人：肖风华

责任编辑：李幼萍
责任技编：吴彦斌 周星奎

出版发行：广东人民出版社
地　　址：广州市越秀区大沙头四马路10号（邮政编码：510199）
电　　话：（020）85716809（总编室）
传　　真：（020）83289585
网　　址：http://www.gdpph.com
印　　刷：北京通州皇家印刷厂
开　　本：880mm×1230mm 1/32
印　　张：7.5　　字　　数：130千
版　　次：2020年8月第1版
印　　次：2023年9月第6次印刷
定　　价：42.00元

如发现印装质量问题，影响阅读，请与出版社（020-87712513）联系调换。
售书热线：（020）87717307

1902年作者序言

在这本书里,我们主要研究群体心理。

每个种族的每个人,因为遗传的原因,会具有某些共同的特征,种族的气质便是由这些特征合在一起构成的。这些个体中的某些人,出于某个目的,就会聚集在一起,变成一个群体。我们可以通过聚集在一起这件事观察出,这个群体除了具有原先的种族特征外,同时还具有新的心理特征。与种族特征相比,这些特征有时候会有非常大的不同。

在各个民族的日常生活中,历年来,有组织的群体所起的作用是至关重要的,但是这种作用现在却表现得最为重要。目前这个时代,所有特征中重要的一点是,个人有意识的行为会逐渐被群体无意识行为取代。

我用纯科学的方式,针对群体所引起的较为困难的问题进行了研究。换句话说,我所做的研究、付出的努力,只考虑方法,各种意见、教条、理论对我是没有影响的。我深刻地相信，这是发现少数真理的唯一方法。当我们所讨论研究的问题，是大家都在讨论，而且众说纷纭的时候，情况就更是如此了。一些科学家努力想澄清一些现象，那么他就不会管澄清的这些现象，是否会触及某些人的力量。有一位杰出的思想家——阿尔维耶拉，他在最近的一本著作中说过，他不属于当代的任何学派，有时候他就会发现，他的理论和这些派别的各种理论都是不同的。我希望这部新的著作也适用于这样的理论。如果属于了某个派别，那就必然要相信这个派别的一些偏见，还有那些先入为主的意见。

不过我还是要向读者说明一下，对于我的研究，为什么猛然看上去，会发现一些难以接受的理论。比如我指出一些群体，即使组成这个群体的人是杰出人士，指明这个群体的精神极端恶劣，但在这之后，我仍然会断定，就算存在这种低劣性，可是如果干涉他们的组织，依旧会非常危险。

这是因为，通过细致地观察历史事实后，所有的观察都在向我证实一件事，社会组织是复杂的，就像一切有生命的个体一样，让它们突然发生某种变革，我们的智力还没有达到这个水平。大自然有时候会采取一些激烈的手段，但这种方式却不是我们想要的方式。从这方面看，足以说明，对重大变革的热衷才是一个民族的致命威胁。不管这种变革在理论上多么出色，只有它能够立刻改变一个民族的气质，才可以说它是有用的。但是，拥有这种力量的，也只有时间。人们的本性，会使人们受到各种各样感情、思想和习惯的影响，我们的性格外在表现在法律和制度上，是我们性格的需要。而法律和制度是性格的产物，那么反过来，法律和制度自然是不能改变性格的。

研究社会现象，以及产生这些现象的民族，在研究过程中是分不开的。以哲学的观点来看待这些现象，它们似乎有着绝对的价值，但实际上，它们有的仅是相对价值。

所以，我们在对一种社会现象进行研究的时候，必须分清先后顺序，而且要从两个不同的方面进行研究。通过这种方法，我们会看到，纯粹理性和实践理性的教诲，经常是相反的。这种划分的合理性，几乎适用于所有的材料，就连自然科学的材料也同样适用。从绝对真理的角度看，一个圆或者一个立方体，都是由确定的公式，加上严格的定义，从而形成的不变的几何形状。可是如果从印象的角度看，这些几何图形，展现在我们眼前的，却呈现出各种各样的变化。再者，如果从透视的方面看，这些几何图形又有了变化，立方体可以变成方形，再换个方向，又会变成圆形。而圆形则可以变成椭圆，也可以变成直线。这些形状都是虚幻的，但是，考虑这些虚幻的，反而比它真正的几何形状有意义，因为只有这些虚幻的形状，才是我们能看到的，能用照相机记录的，能够通过绘画描述下来的。所以这样看来，不真实的东西比真实的东西包含的真理要多得多。如果只谈准确的几何形状，那么对自然就有可能存在歪曲，就会让它变得难以辨认。我们可以这样进行一下设想，如果这个世界的人对物体只能进行复制或者翻拍，没有办法实际接触它们，那么对物体的形态，他们就很难形成正确的看法。更进一步讲，如果只有少数有学问的人能够掌握关于形态的知识，那么这种形态就不会有多少意义了。

  对社会现象进行研究的哲学家，要时刻记住这一点，这些现象不仅有理论价值，更有实践价值，而且只有实践价值与文明的进化息息相关，这种价值才是重要的。对这个事实有了认识，那么在最开始的逻辑强硬地让他接受某个结论时，他所采取的态度就会非常谨慎。

  让他采取类似保留态度的原因还有一个，社会事实是非常复杂的，想要全部掌握是不可能的，想要预见它们之间互相影响带来的后果，那就更不可能了。除此之外，在我们能够看见的事实背后，还隐藏着数不清的原因。我们可见的社会现象的产生，可能是某些很大但又无意识的机制的结果，可是我们能够分析达到的范围却不满足这种机制。我们可以做个比喻，将我们能够看得见感觉到的现象比作水面的波浪，这些波浪是海洋最深处某一个湍流的外在表现。就群体而言，他们的大多数行为，在精神上都表现出了一种很独特的低劣性质，在其他的行为中，又好像有神秘的力量在左右着他们，古代的人会叫它命运或者天意，而我们则把他们视作亡灵的声音。对于他们的本质，我们虽然不了解，但是对于他们的威力，我们却不能忽略。在民族的内心深处，有时候会感觉有一种持久的力量在支配他们，比如，比语言更复杂、更有逻辑、更神奇的事物是什么？这个产物其组织程度让人赞叹，也只能是来自群体无意识的禀赋。最有学问的人，以及最有名望的语法专家，他们所能做的也只是指出一些规律——那些支配语言的规律——但要是创造规律，他们绝对不可能。就算是伟人的思想，我们能说那完全是由他们的头脑产生的吗？显然不能，这些思想确实是从一个独立的头脑中产生的，但也是基于群体的禀赋。

毫无疑问，群体总是无意识的，但是，它们强大力量的秘密也许就隐藏在这些无意识之中。在自然界，一些生物的行动完全受本能支配，但这些行动的复杂性却是令我们惊叹的。理性只是较晚的人类才有的属性，并且还不够完美，还不能揭示无意识的规律，理性想要站稳脚跟，还需要未来很长时间。在我们的所有行为中，无意识作用很大，而理性却没什么作用。无意识起着作用，但是以一种人不知道的力量方式。

如果我们想要待在安全的范围内，不借助模糊的猜测和没有任何用处的假设，而是用科学的手段取得知识，其实我们只需要做一件事，就是留心关注那些我们接触的现象，并且所有的思考只针对它。通过这些思考得出的结论，必然是不成熟的，因为在我们接触到的现象背后，还有很多我们看不到的现象，或者隐约能够看到的现象。

目 录

引言 群体的时代 001

第一卷 群体的心理

第一章 群体的普遍特征和群体思维 013

第二章 群体的感情和道德观 027

第三章 群体的观念、推理和想象力 055

第四章 群体信仰的宗教形式 069

第二卷 群体的意见与信念

第一章 群体的意见和信念的间接成因 079

第二章 群体意见的直接成因 103

第三章 群体领袖及其说服方式 119

第四章 群体信念和意见的变化范围 145

第三卷 群体的分类及其特点

第一章　群体的分类　161

第二章　所谓的犯罪群体　167

第三章　刑事案件的陪审团　175

第四章　选民群体　185

第五章　议会　199

引言 群体的时代

当前时代的演变/民族思想变化导致了文明的变革/现代的人们对于群体力量所持有的信念/欧洲各国的传统政策被它改变了/民众是如何崛起的,他们以怎样的方式发挥威力/群体的力量所产生的必然结果/群体只会起到破坏作用/群体作用使得衰老的文明解体/群体心理学,很多人是无知的/研究群体,对立法者和政治家的重要性。

罗马帝国衰亡、阿拉伯帝国建立，这些大动荡发生在文明变革之前，一眼看上去，好像是因为外敌入侵、政治变化或者一个王朝的颠覆，但是仔细研究这些事件后，就会发现这些表面原因背后，还有人民思想发生的大变革。真正的历史上的大动荡，其实不是那些让我们吃惊的宏大暴烈的事情。思想、观念和信仰的变化是造成文明变革的重要因素。那些让人难以忘记的历史事件，其实是人类的思想在潜移默化中产生的看得见的后果。之所以这些重大事件是罕见的，是因为人类一代代传下来的思维结构是稳定的。

　　目前我们所处的时代，就是上面所说的，人类思想需要经历的几个转型过程的关键期中的一个。

　　这种转型基础需要两个基本因素构成。首先是政治、宗教和社会信仰的破灭，可是我们的文明所包含的要素，却都在这些信仰中。其次是现代科学技术以及工业技术的大发展，创造出了一种全新的生存条件和思想条件。

过去的观念虽然已经残破了，是不完整的，但是它拥有的力量依然十分强大，将要取代它的观念仍然处于成型的过程中。现在的时代呈现出的状态，是一种群龙无首的过渡状态。

我们现在还不知道，这种混乱的时代最终会有什么结果。我们也不知道，在我们现在所处的社会背后，会以怎样的观念作为建立社会的基础。但我们十分清楚的是，以后的社会，不管根据什么路线进行组织，都必然要考虑到群体的力量，这种力量是至高无上的，是最终必然会留存下来的。在过去是想当然的，在当今却正在走向衰落或者在已经衰落了的众多观念上面，在已经被革命摧毁的很多资源上面，作为取代者的唯一力量，不久后，肯定会同其他力量融合在一起。当我们悠久的信仰和古老的社会消亡的时候，群体的力量便成为唯一强大的力量，而且这种力量还会不断地壮大。我们即将步入的时代，必然会是一个群体的时代。

一个世纪以前，引起各种事变的原因还是欧洲各个国家的传统政策与君王之间的对抗。群众的意见基本上没有作用，或者作用很小。但是到了现在，不再起作用的却是各种传统政策或者统治君主的个人意见。与此相反，群体的意见却占据了绝对的优势。正是由于群体的意见，向当前的统治者表明了群众的行动，让统治者在说话做事的时候必须注意群众的意见。现在，决定各民族命运的地方，不再是统治者的议会，而是群众的心理。

根据实际情况，群众的不同阶层要步入政治生活，其实是群众要渐渐变成一个统治阶层，这是我们所处的这个过渡时期所有特点中最引人注目的一个。在很长一段时间里，普选权的执行，没有产生多大的影响，所以它并不是人们以为的那样，是政治权力转移这一过程中非常明确的特征。群众的力量之所以开始不断壮大，首先是因为有一些观念在传播，潜移默化中，这些观念慢慢地进入群众的头脑。其次，孤立的个人慢慢组成群体和社团，这些社团全力实现一些理论上的观念。正是通过组成各种社团，群体掌握了一些观念，这些观念是同他们的利益相关的，就算这些利益不是正当的，但是这些利益的界限却十分明确，这就使得群众终于知道了自己有怎样的力量。现在，群众组成了一个又一个不同的联合会，他们的力量让一个又一个政权甘拜下风，听从他们的意见。群体还不管任何经济规律，他们成立工会，妄图支配劳动和工资。支配政府的议会，群体也会去，议会上的议员们，都是极度缺乏独立性和主动性的，他们代表的只是选出他们的委员会，是他们的传声筒。

当今，群众的要求越来越明确，简直要把当今的社会完全摧毁！而群众的观点又和原始共产主义有关联，但是这个原始的共产主义，也只有在文明出现之前的那段时间，才会是人类的正常状态。明确限定工作时间，把铁路、矿场、工厂以及土地全部国有化，然后将全部产品平等分配，为了群众的利益，将上层的阶级全部消灭，这些都是要求的内容。

群体不擅推理，却善于行动。群体目前所在的组织给了群体很大的力量。诞生这些群体的新教条，我们是有目共睹的，这些教条所具有的威力，很快就会同旧教条一样。换句话说，这种力量将是不容置疑的、武断专横的力量，国王的神权将很快被群众的神权替代。

有些作家是与中产阶级利益一致的，他们很好地反映了这些阶级狭隘的思想、固守的观点、浅显的怀疑主义，还有过分的自私。这种新势力的力量不断变大，在他们看来是非常惊恐的。为了对抗人们已经混乱的头脑，他们向教会的道德势力发出呼吁，这种势力是他们过去嗤之以鼻的。他们跟我们谈科学是怎么破产的，让我们怀着忏悔的心情投向罗马教廷，并且提醒我们启示性的真理所包含的教诲。但是，他们却忘了，现在已经太晚了。即使神宠真的打动了他们，这样的措施，也根本不会对那些混乱的头脑产生和之前一样的影响了，因为他们已经不怎么关心最近的宗教皈依者所关注的事儿了。当今的群众已经抛弃了诸神，这些神是群众的劝说者过去已经抛弃的，而且已经毁灭的神。不管是神界还是人间，没有这样的一种力量能够让河水流回源头。

科学是没有破产的，科学从未处于精神上的无政府状态，也并没有造成新势力从这种状态中产生。科学承诺我们的是真理，至少是我们智力能够把握的一些知识，而且，科学从来没有承诺给我们和平和幸福。科学不关心我们的感情，也不关心我们的哀怨。我们唯一能做的，就是想方设法和科学仪器生活，因为它所摧毁的幻觉，是没有力量可以恢复的。

在所有的国家，普遍存在着一种信息，向我们证明群体力量是在迅速壮大的。我们过去有一些想法，认为群体的力量过不了多久肯定就不会再增长了，但是我们这种想法，群体势力是不会理睬的。不管我们的命运怎样，我们都要接受这种力量。所有反对它的言论，都是没有实际用处的。西方文明的最后一个阶段的标志，很可能就是群众势力的出现，这个阶段可能是混乱的无政府时期，但是这一阶段，是所有新社会出现所必须经历的。那么，这种结果能够被组织吗？

到现在为止，群众最明确的任务就是完全摧毁一个破败不堪的文明。当然，这种现象不只存在于今天。从历史中我们可以得出，当文明建立所依靠的道德因素没有力量的时候，它最后解体的过程，一直都是无意识的野蛮群体执行的，他们被称为野蛮人是不无道理的。创造文明、领导文明的，从来都不是群体，而是少数的知识贵族。群体有的只是强大的破坏力，他们的统治永远都是一个野蛮阶段。文化的高级阶段的表现有着很复杂的典章制度，能够从原始的本能状态转为思考的理性状态。所有的群体都能够证明，仅仅依靠群体，他们不可能实现这些事情中的任何一个。因为群体的力量拥有的是纯粹的破坏力，所以如果用一个比喻来说明他们的作用，就是细菌，用来加速垂危者或者尸体分解。

当文明的结构动摇即将解体时，让它灭亡的总会是群众。只有这个时候，群众的使命才是清晰的。这个时候，人多势众，就是唯一的历史法则。

那么我们的文明也会是这样的命运吗？这种担心也是有必要的，但是我们所处的位置，还不能对这个问题做出肯定的回答。

不管结果什么样，我们必然要屈服于群体的势力，因为群众眼光不够长远。这就让有些许可能使群体守规矩的障碍，都被清除了。

群体正在成为热门话题，但是对于这些，我们知道的很少。可是专业的心理学研究者，他们的生活与群体相差很多，而且对群体视而不见，所以，当研究者把目光转向这边的时候，他们认为可以研究的群体就只有犯罪群体了。无疑，犯罪群体是存在的，可是我们同样也会遇见英勇献身的群体，或者各种各样的群体。犯罪只是群体的一种极为特殊的心理表现。我们想要了解群体的精神构成，不能仅仅通过研究群体的犯罪达到目标，这如同了解一个人，不能只通过描述这个人的犯罪一样。

可是，从客观事实方面看，世界上所有伟大的人，所有的帝国和宗教的创建者，所有信仰的使者，以及那些杰出的政治家，还可以再说得简单一点，一伙人中一个很小的头目，他们都是心理学家，只是他们没有意识到而已，他们对群体性格的了解是出自本能的，而且非常可靠。也正是因为这种了解，这些人能够很容易建立起他们的领导者地位。就像拿破仑，他对自己治理下的国家群众的洞察力就十分独到，但是有的时候，他对其他种族的群体心理却完全不了解。[1] 因为这种不知情，他在征伐西班牙，还有俄罗斯的时候，遭受了致命的打击，这就必然使他在极短的时间内走向灭亡。现在，有些政治家不想统治群体，只想着受到群体的支配不过分就行。对于他们来说，他们最后的资源就是群体心理学知识。

只有对群体心理有基本的理解，我们才能够理解法律和制度对群体基本没什么作用，也就能够理解群体是不会坚持自己的意见的，除非是别人强加给他们的。想要领导群体，不能根据平等学说的原则，而是找到一些能让群体动心的东西，这些东西要能

---

[1] 对于这种心理，他最聪明的顾问也不是非常了解。在拿破仑时代，法国著名的外交家和政治家塔列朗曾给拿破仑写信说："西班牙人对待他们的士兵，会像接待解放者一样。"但是显然，他们并不是被当作解放者，而是野兽，那些心理学家，但凡了解西班牙人的遗传本能，想要预见这种结果，非常容易。

够诱惑他们。比如，一个立法者，想要试行新的税制，他采用的方式应该是理论上最公正的吗？他肯定不会这样。因为在事实上，群众觉得最不公正的才是最好的。最容易被人们容忍的办法，其实是不怎么清楚、不容易理解，而且看上去负担最小的办法。所以，间接征税，不管税率有多高，群众总是会选择接受，因为，对于日常消费品，每天只支付一点点税，群体的习惯是不会被干扰的，这是可以在不知不觉中进行的。可是，如果用工资，或者所有一切的收入，根据比例交税，那么就会一次性交出一大笔钱，不管这种税制和其他税制的优缺点，就算它实际税收只是其他税制的十分之一，群众仍然会有无数的抗议。产生这种情况的原因是，一笔较大数量的钱，已经刺激了人们的想象力，但是被零星的、感觉不到的税金取代了。新税制看起来不是很重，这是因为它是一点一点凑成的，一点一点支付的。这种经济手段是群众做不到的，因为它涉及长远的眼光和计算。

这个例子是最简单的，对于它的适用性，人们是很容易理解的。心理学家拿破仑将它看在了眼里。但是现在，我们的立法者却全然不知道群体的特点，因为他们没有这个能力。他们没有充分的经验去认识这一点：群众采取行动，是从来不按照纯理性的教导的。

群体心理学的实际用途还有很多，如果对这门学科能够掌握，那么对于大量的历史，还有一些经济现象，我们就能做出真实的解释了。可是如果脱离开这门学问，它们就变得不可理解，完全不可思议了。对于我来说，我就有机会做出证明，泰纳[1]作为最杰出的现代史学家，对于法国大革命事件，他的理解也是非常不全面的，这是因为他没有想过对群体的禀性做一下研究。对于这个极为复杂的时代进行研究时，他的研究指南是自然科学家的描述方法，而那些自然科学家，他们的研究对象却几乎没有道德因素。可是，真正构成历史主脉的，就是这些因素。

所以，只从实践的方面看，对群体心理学的研究就很值得。就算只是好奇心，我们也应该对它进行关注。对人们行为动机的破译，是一件十分有趣的事，就像确定某种植物或者矿物的属性一样。对群体禀性，我们所做的研究只能是一种概括，是一种简单的总结，只提供一些建议性的观点，但是对它可不要有过多的奢望。其他人会对它做出更为细致完备的解读。今天，我们所接触到的，只是一片几乎没有被开垦过的土地的表层。

---

[1] 泰纳（Hippolyte Taine，1828—1893），19世纪法国最杰出的思想家之一，普法战争结束后，他曾深刻反省过法国的政治制度与社会，代表作有《论知识》《旧制度》《当代法国的起源》《艺术哲学》。

Gustave Le Bon
Psychologie des Foules

第一卷
群体的心理

第一章
群体的普遍特征和群体思维

什么是群体／群体是由什么构成的／从心理学的角度看群体的构成／聚集在一起的众多个人，是否就能够构成一个群体／一个群体有着怎样的心理特征／当一个人进入一个群体，他的个人的思想感情是否会发生变化／他们的个性是否会消失／支配群体的因素是无意识的／智力的下降和感情的变化／变化的感情，会比个人的感情更好，也可能变坏。

从通常意义上理解"群体",指的是一群个人聚集在一起,不管这些个人都有什么样的职业,也不管他们的民族、性别是否相同,也不去考虑是什么原因让他们走到了一起。只要他们走到一起,就形成了一个群体。

但是,从心理学的角度看,"群体"这个概念就不是那么简单了,相反它却有着十分重要的含义。在一定的条件下,甚至只有在这种条件下,组成群体的个人才会有一些新的特点,这些特点与群体中的个人的具体特点是不同的。那么这些特点是什么呢?我们这样解释,聚集成一个群体的人,个人的感情和思想会向着一个群体的方向发展,他们会有一个相同的指向,而且,处于群体中,他们的自觉性、个性消失了。这个群体的所有人都有了一种集体心理。这种集体心理肯定是暂时的,但是很明显,这群人所表现出的状态,有着很强的、很明确的特点。

所以,从心理学的角度讲,这些人形成了一个有组织性的群体。

换个说法，就是形成了一个心理群体，而这个群体是受整个群体的精神统一律支配的。

大家肯定知道这一点，一群人偶然站在了一起，而且他们彼此间没有任何关联，就比如一千个人同时站在广场上，或者某个公共场所，但是他们没有任何相同的目的或者明确的目标，他们仅仅是站在了一起。对于这个事实，并不能让他们形成一个群体，不能形成一个组织化的群体。从心理学的角度看，这些人根本就不算一个群体，他们没有群体的特征。想要形成群体，必须存在一个特定的前提条件。

我们上面所说的，个人的自觉的个性消失，并且感情和思想要和其他人一起转向一个共同的方向，这是想要组成群体的个人所必须表现出的特征。我们只是说要这些人有这样的特征，并不是说要他们必须站在一起，必须聚在某一个场所。比如有这样一个特定条件，在国家政策或者国际大环境下产生的某种感情，这种感情会影响成千上万的个体，让他们都具备心理群体的特征。此时他们并没有聚集在一起，可是再次出现一个小的条件或者某个事由时，他们便会迅速聚集在一起，满足心理群体必要的条件，形成一个心理群体。有时候五六个人就能形成一个心理群体，但是在条件不具备的时候，数千上万人聚集在一起，同样不能形成群体。对于一个民族来说，想要让整个民族的人聚在一起，几乎是不可能的，它涉及太多的个体。如果出现一种霸道的感情的影响，它同样会变成一个心理群体。

心理群体一经在合适的条件下形成，就会拥有一些暂时性的但又非常明确的普遍性特征。除了这些普遍性特征外，它还会具有另外一些附带产生的特性，这些特性的具体表现会由于组成群体的人的不同而有所差异，同时它的精神结构也会发生相应的变化。了解了这些，我们就不难对心理群体进行合适的分类。如果我们深入研究这个问题的话，就会有这样的发现，一个异质的群体（也就是由不同成分组成的群体），会很容易表现出与同质群体（也就是由大体相同的成分，比如等级、阶层或者宗派而组成的群体）相似的特征。但除了这些相似的共同特征外，他们还会具有一些不同的自身特点，从而用以区分这两类群体。

不过，在深入研究这些不同类型的群体之前，我们有必要先考察一下它们所具有的共同特点。如果让博物学家从事这项研究工作，他们总是会选择先研究一个科的全体成员的共同特性，然后再将研究扩展到将该科所包含的属、种区别开来的具体特性。同样，我们接下来的研究也会借鉴这种方法，将研究开展下去。

事实上，对群体心理是不易做出精准的描述的，因为它的组织在种族和构成方式上都有所不同，而且，用以支配群体的刺激因素也在性质和强度上各有不同。同样，个体心理学的研究也会面临同样的困难。一个人,走完自己一生的整个旅途,性格始终保持不变的情况,一般只有在小说或者电视里才会出现。也就是说,只有环境实现了单一性,才有可能造成性格的明显单一性。在我的其他著作中可以看到,一切的精神结构都会包含各种不同性格的可能性,而环境的突然变化,就会使得这些可能性表现出来。这就很好地解释了法国国民公会中,那些原来很谦和的公民为何会成为后来最野蛮的成员。在正常的环境下,他们是一些平和的公证人或者善良的官员。而风暴过后,他们依然会恢复平常的性格,是一些安静并且守法的好公民。拿破仑就在他们中间找到了自己需要的最恭顺的臣民。

我们没法做到对群体强弱完全不同的组织程度进行全面研究,那会产生很大的工作量,这里我们只专注于研究那些已经达到完全组织化程度的群体。这样,我们的主要研究就会看到群体最终可以变成什么样子,而不是他们一成不变的最初样子。只有组织化达到一定的发达阶段,种族不变的那些主要的特征才会出现某些新的特点,被赋予新的意义。到了这个时候,集体的全部感情思想所展现出来的新的变化,就会朝着一个明确的方向展现出来。只有达到这样的状态,群体的精神统一性的心理学规律才有可能产生作用。

在群体的心理特征研究中,有的特征可能与完全孤立的个体没有什么不同之处,而另外一些特征则完全是群体才会有的,也就是这些特征只有在群体中才可以被看到。我们首先需要研究的就是这些特征,并且逐渐揭示它们存在的重要性。

研究发现,一个心理群体所表现出来的最令人吃惊的特征主要如下:构成这个群体的个人有很多,但不管是谁,不管他们的生活方式、职业选择、智力水平以及性格特点是相同还是完全不同,但有一个事实是他们变成了一个群体,相应地就会产生一种集体心理,这种集体心理使得他们的感情和思想行为变得同自己单独一个人时有很大的不同。也就是说,若不存在于一个群体之中,有些感情念头是不会在某个人身上发生的,或者说不会付诸行动。心理群体可以说是一种暂时性的现象,这种现象是由异质成分组成的,当这些异质成分组合在一起的时候,就会成为一种新的存在,从而构成一个新的生命体,进而表现出一些新的特点。这些特点是与他们个体时所具有的特点存在很大差异的。

哲学家赫伯特·斯宾塞曾经说过,在形成一个群体的所有人群中,并不存在这些人群的总和以及平均值。但我们的研究实际表现出来的结果却是不同的,一个群体是由于产生了新的特点而形成的一种新的组合,就如同某些化学成分放到一起会发生反应形成一种新的化学物质一样,新的组合群体所表现出来的特点是不同于使它形成此群体的个体特性的。

事实上，组成一个群体的个人是不同于完全孤立的个人的，这个不难证明。但是要找到造成这种不同的原因却不是件容易的事。

要想继续研究这些存在的原因，我们就不能脱离现代心理学已经确认的一个真理：无意识现象不但存在于有机体的生活中，而且存在于智力活动中，并发挥着一种完全压倒性的重要作用。与精神生活中存在的无意识因素相比较而言，有意识因素其实只发挥着很小的作用。就连最细心的分析学家和最敏锐的观察家，也只能找到很少一点可以支配他行为的有意识的动机。我们有意识的动机，主要是受遗传影响造成的无意识的深层心理结构的产物。这个深层心理结构中，包含着无数的世代相传的共同特征，也就是这些共同特征，展现了一个种族先天禀性的存在。在一些可以说明原因的行为背后，必然隐藏着我们无法说明的原因。也可以说，我们大多数的日常行为，都是我们无法观察到的一些隐藏的动机所造成的结果。

种族的先天禀性是由无意识构成的。在无意识方面，属于该种族的个人之间具有更多的相似性，而造成他们之间有所不同的，主要是他们性格中存在的那些有意识的方面，比如教育的结果，最重要的是他们独特的遗传条件。事实上，人们在智力上是有很大差异的，但在本能和情感方面是很相似的。在宗教道德、政治、爱恨情仇这些属于情感领域的每件事情上，就连最杰出的能人异士也无法做到比凡夫俗子高明多少。但从智力水平上说，一位伟大的数学家与他的车夫相比，就可能会存在天壤之别，而性格差异却几乎无异。

这些普遍存在的性格特征，主要受我们无意识的因素所支配。一个种族中，大部分普通人可以说在同等程度上都具备这些特征。也可以理解为，正是这些特征的存在，成为一个群体的共同属性。在集体的心理中，个人的才智是被削弱的，个性也同样被削弱了。也就是异质性被同质性吞没，无意识的特性品质占据了上风。

一个群体一般情况下只有很普通的品质，这也是它为什么不能很好地完成需要高智力的工作。对于涉及普遍利益的重要决定，一般是在由杰出人士所组成的会议上做出的，但是各个行业的专家事实上并不比一群蠢人的决定更加高明。事实上，他们在通常情况下，也只能用普通人生来就有的平庸才智来处理自己手头上的工作。可以说，群体中可以累加的一般只有愚蠢而不是天生的智慧。如果我们将整个世界看作一个群体，那整个世界并不会比伏尔泰更高明，相反，伏尔泰可以说比整个世界更聪明。

如果像上面说的那样，群体中的每个个人只是把他们拥有的共同的寻常品质集中在一起，那么这个群体所拥有的只能是明显的平庸，而无法创造出新的特点。那么我们最早提到的一些新的特点，是通过什么方式形成的呢？这便是我们接下来要真正研究的问题。

对这些为一个群体所独有、孤立的个体并不具备的特点，能够起决定性作用的原因是很多的。第一个原因，仅仅从数量上考虑的话，群体便会比个体拥有一种势不可当的力量，这种力量可以帮助群体发泄自己本能的欲望。而如果是独立的个人，他是不敢发泄某些欲望的，只能加以限制。当处于群体中时，某个个人就会不自觉地产生一种念头：群体不同于个人，是个无名氏，是不需要同个人一样承担责任的。有了这样的念头，那些约束着个人不敢发泄欲望的责任感就彻底消失了。

第二个原因是传染现象的存在，也是对群体的特点起到决定性作用的，同时还决定着一种接受性的倾向。传染实际上是一种现象，我们很容易辨别这种现象是否存在，但要解释清楚这种现象却不容易。我们可以把传染这种现象看作一种催眠的方法加以研究。在一个群体中，每一种感情和行为都是具有传染性的，这种传染的程度足以使每个个人随时可以准备好，为了集体的利益而牺牲掉自己的个人利益。这种倾向是与个体的天性相对立存在的，如果不是因为存在于群体之中，个体是不会具备这样的倾向和能力的。

对于第三个原因，也是决定群体特征的一个重要原因，是因为它同孤立的个体所表现出的特点不同，甚至是截然相反的。这个原因便是易于接受暗示，这个原因是上面第二个原因互相传染所造成的结果。

我们可以通过最近的一些心理学来研究解释这种现象。对于现在的我们来讲，我们已经知道，经过不同的过程，群体中的个人会被带入一种状态，使他失去独立的人格意识，并且他对将他带入这种状态的人唯命是从，不会想着再去改变，这就使他会做出一些与自己的习惯和性格非常矛盾的举动。通过长时间的细致观察，似乎已经可以做出这种证明：孤立的个人如果长时间融入群体活动，不久之后就会发现，他进入了某种状态！使他进入这种状态的原因，或许是因为群体发挥了催眠影响，或许是一些连我们也不知道的原因，表现得非常像一个人在催眠大师的催眠下，进入被催眠状态，进入迷幻状态。这个被催眠的人大脑意识已经麻木，他的神经中枢被催眠大师控制，他变成一个无意识的奴隶，他的意志和辨别力荡然无存，他的感情和思想不再受自己支配，而是听从催眠大师的差遣。

或许，处于心理群体中的个人，他所处的状态和这个相似，他已经意识不到自己的行为，不知道自己在做什么，就像被催眠了一样，一些自主的能力遭到破坏，但是另一些特殊的能力却得到了强化和提升。在群体的某个暗示下，他会突然非常冲动，一定要采取某个行动。相比被催眠的人的冲动性和群体中的个体冲动，群体的冲动更难以让人抗拒，这是因为处于群体中的每个人都会有个体冲动，在彼此的影响下，个体冲动的力量更加强大。而且在群体中，想凭借个性的强大来抵抗个体冲动，这种人是寥寥无几的，所以根本不可能有个人逆着群体的意识而行动。充其量说，这种人的行动只会因不同的暗示而改弦易辙。举个例子，在这种情况下，因为一句悦耳的话，或者一个被及时唤醒的形象，有可能阻止一场群体性的血腥暴动。

通过以上内容我们知道，群体中的个人所表现出来的特点：无意识人格的强势，有意识人格的消失，通过暗示和相互传染的作用，人的思想和感情会向着一个共同的方向发展，并且会立刻将这种暗示的观念转化为行动。这个人便不再是他自己，他变成了自己的意志受别人控制的玩偶。

进一步讲，这个孤立的个人，单单成为有机群体中的一员这一件事，便使他在文明进步的阶梯上倒退了好多。孤立的个人可能是个有教养、有涵养的人，但是一旦进入群体，他便成了一个野蛮人，他的行为只受本能的支配。他开始变得身不由己，他的感情开始狂热并且残暴，他的表现趋向于原始人，并表现出个人英雄主义。与原始人的表现比较相似的一点是，他心甘情愿被别人的言辞和形象影响。可是这个个人，如果没有进入群体，还是孤立的个人，他便不会受这些言辞和形象的影响。一个群体中的人，他会身不由己做出一些与明显的利益和习惯截然相反的行动。一个群体中的人，只是茫茫沙漠众多沙砾中的一个，在风的吹动下，会飘到任何地方。

就是因为这样的原因，陪审团做出的判决并不是每个陪审员都赞同的，而议会实施的法律和措施，也并不是每个议员都同意的。更有甚者，在法国大革命时期，组成群体的国民公会的委员们，当他们还是孤立的个人的时候，都是有教养、举止温顺的良好公民，可是当他们处于国民公会这个群体的时候，他们却毫不犹豫、没有任何质疑地去执行一些非常野蛮的决定，他们把一些无辜的百姓送上断头台，让百姓失去美好的生命，并且他们失去理智，放弃了自身应有的权利，抛弃自己不可侵犯的原则，在他们自己人中间也滥杀无辜。

处于群体中的个人，和孤立的同一个人，不但在行动上有着本质的区别，就连他的独立性完全丧失之前，他的感情、他的思想，便已经发生了深刻的变化。这种变化可以让一个懦夫变成英雄豪杰，也可以让一个老实憨厚的人变成罪犯，还可以让一个怀疑论者变成忠实的信徒，甚至可以让一个吝啬的守财奴变成挥霍无度的公子。

1789年8月4日，那是非常值得纪念的一天。那天晚上，法国的广大贵族，一时间豪情万丈，他们通过投票，毅然放弃了自己的特权。但是事后想想，如果他们当时没有处于那个群体，一定会好好考虑这件事，也许没有一个人会同意这么做！

通过以上，我们可以得出一个结论，在智力上，群体总是会比孤立的个人低，但是从感情上和群体激起的行动上看，群体的表现会比个人更好，也有可能更差。这种更好或者更差，完全取决于群体所接受的暗示是什么性质的，也就是说，要看环境是什么样的。研究犯罪群体的作家经常会有这样的误区，他们没有能够理解。虽然群体经常会是犯罪的群体，但也不完全是，也会存在英雄主义的群体，不能一概而论。

正是因为有群体，而不单单是孤立的个人，才能够让人不顾一切地以死为代价去行动，去维护一种教义，去保证一个观念的凯旋，会让一个人为了赢得荣誉而满怀热情地赴汤蹈火，在所不惜。最好的例子就是十字军那个时代，在他们面对没有粮草、没有装备的极端恶劣情况下，依然向异教徒宣战，讨还原本属于基督的墓地。还有个例子是1793年，人们捍卫自己的祖国。毫无疑问，这些表现出的英雄主义，肯定存在无意识的成分。但是，也正是因为这些英雄主义，恰恰创造了一段辉煌的历史。如果人们只会冷酷无情，只会盲目地干大事，毫无疑问，世界史上将不会留下他们的身影，不会留有关于他们的记录。

第二章
群体的感情和道德观

1. 群体的急躁、冲动和易变。刺激因素对群体的支配作用 / 群体不会深思熟虑 / 种族的影响。

2. 群体易受暗示和轻信。群体会把幻觉当作现实 / 群体中有教养和无教养的人没有区分 / 史学著作几乎没有价值。

3. 群体情绪的夸张与单纯。群体在感情上容易走极端 / 不允许存在不确定和怀疑。

4. 群体的偏执、专横和保守。群体的感情容易偏执 / 引起这些的原因 / 群体对变化和前进发展存在敌视的感情 / 群体面对强大的政权,总是孱弱、卑躬屈膝。

5. 群体的道德。群体的道德标准有时比单独的个人高尚,有时更低劣 / 如何解释群体的道德 / 群体被考虑到的利益所左右的情况很少见 / 群体的道德具有一定的净化作用。

以上我们概括地介绍了群体的主要特点，接下来我们还需要针对这些特点的具体细节进行进一步的研究。

我们必须指出，群体具有的某些特点，比如容易急躁冲动，遇事缺乏理性、判断力和批判精神缺乏、喜欢夸大感情等，这些特点总是可以在进化形态比较低级的生命体中看到，比如最常见的妇女、儿童以及野蛮人。不过这些多出现在少数群体中，我们不在本书中详细论证。

接下来，我们要讨论的是在大多数的群体中可以看到的一些不同的特点。

一 群体的急躁、冲动和易变

前边我们研究群体的基本特点时，曾经说过，群体的行为基本上可以认为是完全受无意识动机的支配。这种行为主要是受到脊椎神经的支配影响，而不是大脑的影响。可以说在这个方面，群体是与原始人有很大相似度的。就行为表现而言，群体和原始人的行动可以表现得非常完美，然而，这些完美的表现并不是受到大脑的支配而实现的，群体中的个人是按照他所受到的刺激进而决定自己会有什么样的行动。所有的刺激因素不管是什么，都会对群体起到控制性作用，并且它的行为反应会随之不停地发生变化。可以简单总结为群体是所有刺激因素的奴隶。处于孤立状态的个人，也会受到刺激因素的影响，就像群体中的个人一样，但是他的大脑却不会受冲动的摆布，他的大脑会约束自己，让他不受冲动的控制。用心理学的语言来说就是孤立的个人可以控制、主宰自己的反应行为，他有这种能力，但是群体却没有这种能力。

基于让群体产生兴奋的原因，这种原因会服从各种各样的冲动，而且是极为强烈的冲动，有的是懦弱的，有的是勇猛的，或者豪爽的、残忍的。正是因为这些冲动都很强烈，所以在涉及个人利益，甚至性命的时候，都难以控制这种冲动。群体是极为多变的，因为群体总是服从于某些刺激，而这些刺激因素却又是多种多样的。我们经常看到一些群体，突然之间就从最血腥的狂热变成了相反的极为宽宏大量，并表现出英雄主义，这就可以用这个原因来解释。群体很容易做出血腥的事，抹杀别人的生命，但也同样会表现得慷慨激昂、慷慨赴义。也正是因为存在群体，才会为每一种信仰，不惜付出任何代价，不惜流血牺牲。如果想要深入地了解群体的这种特征，想知道在这方面群体能够做出什么，我们没必要回想过去，遥望那过去的英雄主义时代，我们从最近的一次起义中就可以了解。就在不久前，一位特别出名的将军[1]，振臂一挥，应者云集，轻松找到了上万人。只要是他的命令，人们便会无条件地服从，为他的事业献出生命。

所以，群体根本不会提前做一些计划，他们能够先后被不同的情感激发，甚至是完全矛盾的情感，但是他们又总会被当前的因素刺激、影响。他们就像一些树叶，会被暴风卷起，向着四面八方、每个方向飞舞，但是他们又都会有一个最终的归宿，就是落在大地上。接下来我们会研究革命的群体，在那个时候，我们会多举一些关于他们感情多变的例子。

群体的这种容易变化的特征，使得他们往往难以被统治。如果公共权力掌握在他们的手中，这种特征会更明显。日常生活中会有各种各样必要的事情，但是这种事情一旦对生活不再构成无形的约束，民主就几乎不能再持续下去了。另外，虽然群体可能会有各种各样比较狂乱的想法，但是这些想法却不能够长久地维持，因为群体总是受当前因素的刺激，不可能做长远的计划和打算。

---

[1] 这里指的是布朗热将军。

群体冲动多变，如同野蛮人一样，它并不准备承认自己的这个特性，在自己的心愿和这种愿望实现的时候，中间会发生任何一种障碍，群体没有这种能力使得它可以理解这种中间存在的障碍，因为群体在数量上是强大的，这使得它觉得自己可以势不可当。对于群体中的单个个体而言，它们没有了不可能的概念，觉得一切都有可能。但孤立的个人却不同，他清楚当他一个人时，他不能去焚烧宫殿，也不能去打劫商店，即使有时会受到这种诱惑，他也可以很容易地抵制这种诱惑。但当个体成为群体中的一名成员时，他就会自觉地意识到，人数的强大可以赋予他很大的力量，这种力量可以让他生出一种可以杀人劫掠的想法，并且很容易就屈从于这种诱惑。那些出乎个体意料之外的种种障碍，会被群体狂暴地摧毁。这时，人类的大脑机能很容易就产生了大量狂热的激情，也就是说，在愿望受到阻碍的时候，群体所形成的正常形态，便是这种激愤的状态。

种族具有的基本特点，可以说是我们产生一切情感的不变来源，这种特点会对群体的急躁、激动以及多变产生影响，就如同它可以影响到我们研究的一切大众的情感一样。所有的群体毫无疑问都是急躁并且冲动的，但这种急躁、冲动的程度却有所不同。举例来说，拉丁民族是一个群体，英国人也是一个群体，这两个群体就有十分显著的差别。近期，法国发生的一个历史事件便可以很好地为这个说法提供说明。25年前,有一份据说是某位大使被侮辱的电报被公之于众,仅仅是这样一份电报,就触犯了众怒,结果很容易就引起了一场非常可怕的战争[1]。同样的例子,几年后,一份关于谅山的无足轻重的失败电文,同样激起了人们的众怒,最终导致政府立刻垮台。与此同时,英国在远征喀土穆的时候,遭受到一次非常严重的失败,这样严重的失败在英国只引起了轻微的情绪反应,大臣甚至都没有受到解职处罚。可以说,任何地方的群体都会有一些女人气,而拉丁族裔的群体在大部分群体中,女人气相对多一些,但凡是可以赢得他们信赖的人,其命运很容易发生很大的变化。但这种女人气的做法,不啻在悬崖边上散步,指不定哪天就掉入了无底深渊。

二 群体易受暗示和轻信

我们前面在定义群体的概念的时候,指出了它的一个最普遍特征,那就是非常容易受到暗示,并且在人类的群体中,这种暗示所具有的传染性可以达到的程度。这就解释了群体的感情会向着某个方向迅速转变。有些人可能觉得这一点无足轻重,但群体

---

[1] 这里的战争指的是发生于1870年的普法战争,战争的导火索之一是担任普鲁士宰相的俾斯麦公布了一份电报"埃姆斯电报",这份电报极具挑衅性。

总是处在一种状态中，他们期待注意，也就很容易被别人暗示。最开始的一个念头，或者一个提示，通过群体中的互相传染，很快就会进入所有人的头脑，群体的感情会一致倾向某个方向，并且这已经成为事实。

就像某些处于群体中的个人所表现的那样，当他们处于某种暗示下，这种暗示很容易变成实际的行动。这种行动是不确定的，有可能是焚烧宫殿，也有可能是牺牲自我，不管是什么，群体都会毫不犹豫地去做，在所不辞。这些行动都取决于刺激这些行动的因素的性质。但是孤立的个人，他在受到某种暗示后所采取的行动，取决于被暗示的行为与抵制这一暗示的全部理由之间的关系，而且孤立的个人所采取的行动有可能与暗示的行动相反。

于是，群体失去了批判的能力，他们永远都在轻信，永远处于无意识的领域，并且随时都会听从于所有的暗示。他们所表现出的激情，与对理性无动于衷的某个生物一样。

在一个群体中，不可能的事是不可能存在的，如果想要对那些编造出来的，或者谣传的，一些根本就不存在的神话或者故事的能力能够理解，那么就必须记住这一点。

群体轻信的事例很多，尤其是那些经历过巴黎被围困的人。当时在顶楼出现了一道烛光，很微弱，但是在周围的人看来，那就是在向围困他们的人发出进攻的信号，这就是轻信，因为只要稍微用理性思考一下，就很容易发现，因为在数里之外的那些围困者，他们根本看不到这道烛光。

在群体中很容易产生一些神话，并且广为流传，这些神话的产生，不仅仅是因为群体中的人极端轻信，而且是因为，这些事件在群体的思想中被曲解了。最简单的事，众人都有所目睹，但是同样，不久之后就会被谣传得面目全非。群体的思维是从想象开始的，但是想象本身会立刻引起一系列的想象，而且这些想象与其本身是毫无逻辑关系的。其实只要我们想一下，就很容易理解这种想象，因为我们同样也会因为在头脑中想到某件事，因这件事而产生一连串的幻觉。但是作为孤立的个人，我们是有理性的，理性告诉我们，这些事、这些幻觉之间没有任何的联系。但是群体就不一样了，群体看到这个事实，就像没有看到，完全忽略了，却把扭曲、曲解后的想象力所产生的幻觉，和真实的事件融为一体。群体很少会区分主观和客观，它把头脑中想象的景象也认为是现实，尽管这些景象与现实几乎只有微乎其微的关系。

群体会对自己看到的事件进行扭曲，这种扭曲的方式，表面上看起来可能会很多很杂，而且会彼此不同。因为群体中的个人是不同的，他们的倾向也不尽相同，实际上却并非如此。群体中互相传染的现象，会让对事件的扭曲呈一致性，也就会让群体中所有人表现出的状态是相同的。

群体对事件的扭曲，是从某个人对该事件的第一次扭曲开始的，也是传染暗示过程的开始。在所有十字军官兵面前出现耶路撒冷墙上的圣乔治之前，在这些人群中的某个人，肯定已经知道了圣乔治的存在，于是暗示和传染开始，在此推动下，这个奇迹经过一个人的编造，立刻被所有的人接受了。

历史上经常会出现这种集体幻觉，它产生的机制便是这样的。这种幻觉好像具备真实性，被一切人公认，因为它已经被成千上万的人看到了。

如果想对上面这段说法进行反驳，我们没有必要考虑那些组成群体的个人无足轻重的智力，因为在他们进入群体的第一天开始，不管是博学的人还是白痴，都一样失去了观察能力。

这个论点好像又说不太清楚，但是想要消除人们的疑虑，就必须拿大量的历史事实进行研究。可是这些研究，我们要想达到目的，可不是写几本书就可以的。

可是，我又不想让读者觉得，这些主张没有得到过证实。所以，我还是想从可以被此处引用的无数事例中，随便抽取几个事例。

我们先说一个最典型的事例，因为它来自一个集体的幻觉，而这个幻觉，却让一个群体成为牺牲品。在这个群体中的所有个人，有最有学问的，也有很无知的。这个事例曾被广泛引用，《科学杂志》曾引用过，海军上尉朱利安·费利克在他的书《海流》中也引用过。

护航舰"贝勒波拉"号想寻找一艘在风暴中失去联系的巡洋舰"波索"号，它在外海游弋，当时正值白天，阳光普照，但是突然值勤兵发出了一个信号，发现一艘遇难的船只。所有的船员都看向那个信号指去的方向，而且他们确实都看到了一只载满了人的木筏，这个木筏被发出遇难信号的船拖拽着。但是，这只不过是一种集体的幻觉，他们当时却没有发觉。德斯弗斯上将命令一条船去营救，当营救的船接近目标的时候，船上的官兵甚至看到了"一大群活着的人，看到他们向前伸着手，甚至能够听到他们发出的各种混乱哀号的声音"。可是，当营救的船真正到达目标地，却发现那一船人变成了几根树枝，长满了树叶，这根本就不是遇难者的木筏，它不过是从附近的海岸漂浮过来的而已。在这种铁证的事实面前，那个群体的幻觉才彻底消失。

通过这个例子，对于我们刚才解释过的集体的幻觉作用和机制，就可以很清楚了。在这个事例中，我们有一个群体，他们处于期待的观望状态，我们又有一种暗示，是值勤者发出的有遇难船只的信号。通过互相传染，这种暗示被这个群体的全体官兵接受了。

眼前发生的真实的事件被歪曲，让无关的幻觉取代真相，这种在群体中发生的情况，这样的群体不需要很多的人数，往往只需要几个人聚集在一起。形成这个群体的人，就算他们全都是博学的人，有着很丰富的科学知识，但是除去他们的专长外，他们同样会表现出群体所应有的特点。同样，他们所有的观察力、批判的精神，全都消失了。敏锐的心理学家达维先生为我们提供了一个例子，这个例子同我们在这里讨论的问题有关，而且非常奇妙。同时，这个例子在最近的《心理学年鉴》中也被提及。达维先生召集了一群杰出的观察家，让他们组成一个群体，这些人中就包括当时英国最著名的科学家华莱士先生。达维先生让他们观察某个物体，然后让他们根据自己的观察做上标记。然后，达维先生在众人面前演示格式化的精神现象——显灵，并且在石板上写上一些字。在这些杰出的观察家的报告中，他们都表示同意，他们认为他们所看到的现象是正常手段无法获得的，只能通过超自然的手段。但是达维先生却表示，这个结果只不过是最简单的骗术造成的。

这份文献的作者说："在达维先生的研究中，最让人吃惊的，不是骗术本身，骗术并不神奇，而是那群观察家所提供的报告是极端的虚弱。"他说："很明显，众多的目击者，肯定也会列出一些完全错误的条件关系，但是，如果认为他们的描述是正确的，那么他们所描述的现象用骗术来解释就是不正确的。达维先生发明了一个简单方法，而且采用了，人们对此感到非常吃惊。可是达维先生就是有这种能力，他能够支配群体的大脑，他让人们相信他们看到了并没有看到的事情。"这种能力其实就是催眠师影响被催眠者的能力。通过这个例子，我们看到了，即使提前告知一群头脑非常聪明、严谨、博学的人，让他们事先就抱着怀疑的态度，可是，这种能力还是影响了他们。可以想象，如果是一个普通的群体，并没有头脑非常严谨的人，那么让他们集体上当受骗，就更不足为怪了。

事实上，同样的例子有很多。在我写这本书的时候，报纸上报道的都是两个小女孩在塞纳河溺亡的新闻。现场有五六个目击者声称，他们都认出了这两个小女孩。所有人的证词都是相似的，不管审判官如何询问，显然他们说的都是事实一般。最终签订完死亡证明，为这两个小女孩举行了葬礼，人们却在偶然间发现，原以为死亡的两个小女孩仍然活在这个世界，并且和溺水死亡的人相比，并没有发现她们有什么相似之处。这个例子同样告诉我们，现场第一个目击者可以说是幻觉的牺牲品，他的证词会对接下来其他的目击者产生一定的影响。

在这些同类事件中，我们发现，一般都发生于最开始的某个人受模糊记忆的影响，产生了幻觉，便成了一种暗示，当这种幻觉得到人们的认可后，就会逐渐传染给其他人，造成以上事件的结局。如果遇到案件的第一个观察者是一个没有主见的人，他相信自己的判断，觉得已经辨认出了尸体，使其做出判断的依据一般是一些特征性的东西，比如一块伤疤，或者尸体的某些特殊的装束细节。这些特征所产生的同感会变成一种肯定的认知，它会征服人们本身具有的理解力，使人们本应有的判断力消失。这个时候，那些观察者看到的已经不再是客观的事件本身，而是他头脑中产生的一些幻象。旧事重提的报纸曾报道过这样一件事，孩子的尸体竟然是被自己的母亲认错的。在这种现象中，我们就可以找到我以上所提到的两种暗示作用。

另外有一个孩子，认出了这个孩子，但是他却搞错了。然后没有根据的辨认过程便开始了。

发生了一件并不寻常的事情。在有同学辨认出尸体的第二天，出现了一个妇女，痛喊着："天哪，竟然是我的孩子！"这位妇女走近尸体，观察着孩子身上的衣服，又看着孩子额头上那个明显的伤疤，异常肯定地说："这就是我的儿子，不会错的。我的儿子是去年七月失踪的，他一定是在被人拐走以后杀害的。"

这个声称是孩子母亲的妇女，是福尔街的看门人，姓夏凡德雷。认出自己的儿子后，她的表弟也被叫来了。在询问官问到他的时候，他说："是的，那就是小费利贝。"同时，住在这条街上的好几个人也同样认出了这个孩子，这孩子就是费利贝·夏凡德雷,这些人中还有几个是根据孩子所佩戴的一枚徽章认出来的。

最终的事实令人们大吃一惊,邻居、同学、母亲及其表弟都搞错了。六个星期之后,那个孩子的身份得到了最终的确认。小孩是一个波尔多人,是在那里被人杀害的,之后被一伙人运到了巴黎[1]。

一般情况下,做出这种误认判断的经常是一些妇女和儿童,也就是最没有主见的一类人。我们要知道,这种目击者在法庭上实际会有什么价值。尤其是针对儿童,我们是不能轻易将他们的证词当真的。也就是我们经常说的一句话,童言无忌。只要他们有一点点基本的心理学修养,他们就会知道,事情事实上很多时候是恰恰相反的,儿童一直是撒谎的一方。在很多情况下,如果用孩子的证词来决定被告人的命运,其实还不如用投币抓阄的方式更加合理呢。

我们继续回到群体的观察力这个问题上来。结论很明显,他们的集体观察有极大的可能性会出错,大多数时候,它所表达的内容在传染过程中,影响着同伴的个人幻觉。很多事实都可以证明,

---

[1] 发表于 1895 年 4 月 21 日《闪电报》。

我们应当理智地看待集体的供词，很多时候这种供词是极其不靠谱的，甚至可以达到无以复加的程度。色当战役发生在 25 年前，有数千人参加了这场著名的骑兵进攻，但是那些目击者证词很是矛盾，根本无法确定究竟是谁在真正指挥这场战役。沃尔斯利爵士是英国的一位将军，他在最近的一本书中证明了滑铁卢战役中的一些重要事件，至今还有人在犯事实性的错误，而这些错误都是由数百人证明过的事实。

以上事实都向我们证明了，群体的证词真正的价值到底有多少。在讨论逻辑学的文章中，那些有无数人一致同意的事情，可以用来支持事实的准确性，是最有力的证明。但是，群体心理学的研究告诉我们，实际上，那些讨论逻辑的文章在这种情况下是需要重新审核的。我们发现，越是受到严重怀疑的事件，往往越是那些观察者众多的事件。有时一件事情是同时被数千个目击者证明过的，但通常这种真相与公认的记述相差甚远。

以上我们讨论的情况可以得出明确的结论，史学著作只能是纯粹想象的产物。它们是对观察有错误的事实所做出的一种无根据的记述，同时混杂着一些对思考结果的解释。可以说写这些东西在一定程度上是在虚度光阴。如果说历史没有文字、艺术和不朽之作用来为其记录，我们对真相就会变得一无所知。有一些在人类历史上发挥过重大作用的伟大人物，如赫拉克利特、释迦牟尼，甚至穆罕默德，我们拥有的记录有真实的吗？事实上有可能一句真实的记录都找不到。不过，从另一个角度实事求是地说，他们真实的生平对我们有什么影响呢？基本无关紧要的存在一样。我们需要知道的，仅仅是那些伟人在大众的神话中所呈现出来的形象而已。真正可以打动群体心灵的，往往是神话中的英雄，并不是历史上真实存在的英雄。

不幸的是，神话被人们清楚地记录在各种书籍中，而神话本身并没有什么稳定性可言。随着时光流逝，在种族缘故的影响之下，群体的想象力是不同的，同时也在不断地改变着这些神话。在《旧约全书》中，耶和华是嗜血成性的，而圣德肋撒[1]充满了爱，他们可以说有着天壤之别，就如同在中国备受崇拜的佛祖，和印度人尊崇的佛祖，都是佛祖，却很少有共同的特点。

神话中的英雄，因为群体不同想象力不同而发生着变化，有些英雄会渐渐离我们远去，有的也只需要存在数百年的时间而已，甚至在几年之内就会发生转变。我们的时代便可以很容易地看到，那些历史上可以说最了不起的伟人神话，在不到50年的时间里，就被改变了多次。在波旁家族的统治里，拿破仑是一位田园派和自由主义者，是一位卑贱的朋友般的慈善家。在诗人的眼里，拿

---

[1] 圣德肋撒（Saint Therse, 1873—1897），法国一位非常著名的天主教修女，她因为肺结核死亡。她的一生很短暂，内心充满了矛盾，留下一本书信体《灵魂经历》。

破仑无疑会长期存在于那些乡村人民的记忆中。30年过后，拿破仑这个人间英雄渐渐变成了一个暴君，并且嗜血成性，为了满足自己的野心，他篡夺权力，毁灭自由，让300万人轻易地命丧黄泉。过了数千年之后，未来的博学家们，会看到许多矛盾百出的历史记载，对于是否真有这样一位伟人，他是不是真的英雄而产生怀疑，就如同现在的我们会对释迦牟尼产生怀疑的情绪一样。在这些人的身上，我们只能看到一个光彩照人的神话，或者说传奇演变。对于这种情况，即使缺乏确定性，他们也会很容易心安理得。和今天的我们相比较，他们更加明白群体的心理特点。他们清楚，历史并没有保存记忆的真实能力，只有神话而已。

三 群体情绪的夸张与单纯

群体表现出来的感情多种多样，有好有坏，但是却有一个突出的特点，就是非常简单，并且夸张。这一点就像群体的其他特征一样，群体中的单个人的表现都类似原始人。因为没有办法做出太为细致的划分，所以把事情当作一个整体，他们之间的过渡是不当的。群体情绪的夸张还受到别的原因影响，就是不管是什么样的感情，只要它能够表现出来，那么在群体中通过一些暗示以及传染，这种感情就会非常迅速地传播。如果是它明确赞扬的目标，那么目标的力量就会大增。

完全不知道怀疑和不确定是什么事物，这就是群体情绪的简单和夸张所造成的结果。这就像一个女人一样，它一下子便会走入极端。怀疑的情绪一旦说出口，立刻就会成为证据，而且不容辩驳。如果有反对意见，或者对此心生厌恶，这种情绪若是发生在一些孤立的个人身上，那没有什么，可是如果发生在群体中，那么这种情绪就会立刻变成勃然大怒。

群体感情的狂暴，会因为群体的责任感消失而得到强化，尤其是在异质的群体中，而且这个群体中人数越多，就越会这样。因为人多势众，意识到肯定不会受到惩罚，一时产生的力量，会让群体表现出相对于孤立的个人不可能表现出的情感和行动。在群体里面，那些无能的人、傻瓜、心怀嫉妒与怨恨的人，就会摆脱自己那种负面的感觉，不再感觉自己是个无能的人，反而会感觉到一种巨大的力量，但是这种力量却极其短暂并且残忍。

但是很不幸，群体的这种夸张倾向，常常表现在恶劣的感情上，使这种恶劣的感情更为恶劣。它们的表现就像是原始人的本能，经过隔代遗传后的残留。那些群体之外的、孤立的个人，他们负有责任，但是因为担心受罚，就不得不对他们进行约束。所以，群体更容易干出那些极端恶劣的勾当。

但是，在一些巧妙的力量影响下，群体同样也能表现出献身精神，表现出最崇高的美德和大无畏的英雄主义。群体甚至比孤立的个人更能将这种品质表现出来。后面我们研究群体的道德时，还会回到这个话题上。

正是因为群体会夸大自己的感情，所以群体只会被极端的感情影响和打动。而那些演说家，想要感动群体，就必须信誓旦旦，并且出言不逊，言之凿凿，夸大其词，并且不断地重复强化。他们将一些理由，拿来证明一些事情。我们看到集会上的演说家，他们就经常使用这种技巧。

进一步说，群体不仅会夸大自己的感情，而且，对他们心目中的英雄，他们也会做出夸张，将英雄的道德和品质夸大。这种现象早就被人指出来了，而且非常正确，就是观众肯定会要求舞台上的英雄，表现出夸大的勇气、品质和道德，但是这些品质在现实生活中是不可能存在的。

在剧场，站在一个特殊的立场去观察事物，这种立场肯定是存在的，而且在很早之前就被人正确地意识到了，但是这种立场的原则和常识，却和逻辑基本上没有共同之处。想要知道一出戏是否能成功，只通过解读剧本是不行的，如果想正确地判断能否成功，剧院的经理就必须把自己当成观众。

通过这些，我们可以做出更广泛的解释，我们将这种现象说成种族因素的压倒性影响。一部歌剧，在某一个国家会掀起狂热的追捧，但是在其他国家，可能就会非常平淡，只能获得平常的成功，或者根本不会成功。这就是因为这部歌剧产生的情感力量，没能作用于另一些公众。

这里我不必再说，群体的夸张倾向对智力不起作用，而只作用于感情。我已经说明了，一旦孤立的个人成为群体中的一员，那么他个人的智力就会急速下降。曾经有一位非常有学问的官员，塔尔德先生，他在研究群体犯罪的时候，就证明过这一点。群体，能够做到的只是将感情升华到极高的高度，或者下降到极低的境界。

四 群体的偏执、专横和保守

群体的感情是简单而极端的，所以提供给他们的各种想法、意见和信念，对于群体来说，他们要么全部接受，要么全部拒绝，要么将它视为真理，要么就是绝对的错误言论。一种信念，是用暗示的方法进行诱导，而不是用正确的理由和事实去解释，通常都是这样的。大家早就知道，对人们头脑的专政控制，以及与宗教信仰有关的偏执，都是这样。

对于什么是真理，什么是谬论，群体总是心存怀疑，而另一方面，群体又清楚地意识到自己是强大的，于是他们便给自己的偏执、自己的思想，赋予了专横的性质。群体不会像个人那样接受矛盾，去讨论。这种现象如果表现在公众集会上，公众演说家哪怕说了一个非常轻微的反驳，他也会立刻招来观众的谩骂和怒吼。在一片哗然的驱逐声和不屑的声音中，演说者会很快败下阵来，停止演说。而且，如果现场没有政权的捍卫者对人们的行为进行约束，那么提出反驳意见的演说者，很有可能会被打死。

偏执和专横是一切群体的特征，但是各个群体所表现出来的偏执和专横，却又各不相同。在这个方面，基本的种族观念会表现出来，支配人们的感情和思想。这种现象在拉丁民族中，表现得更为激烈，专横和偏执已经发展到无以复加的地步。实际上，专横和偏执在拉丁民族中的发展，已经完全毁坏了盎格鲁－撒克逊人的独立感情。拉丁民族的群体会关注集体的独立性，但是只关心自己所在的集体，他们对独立有自己的见解。他们认为，那些和他们意见相反的人，必须立刻反对自己的信念。自从宗教法庭时代到来，在各拉丁民族中间，各个时期的雅各宾党人，他们对独立和自由的理解，从没有过其他的阐述。

群体有着明确认识的感情，就是专横和偏执，群体中的他们很容易产生这种感情，而且，只要有人在他们中间，暗示他们，或者煽动他们的这种情绪，他们会立刻付诸行动，将之实现。群体的这种感情，使他们很容易对强权俯首称臣，但是若有仁慈的人对他们劝说，他们却听不进去，他们认为那是软弱可欺的。他们没有同情心，他们不会臣服于性情温和的主人，但却对严厉欺压他们、压榨他们的暴君表示认可。没错，他们总是喜欢为专制者树立起崇高的雕像。如果有朝一日他们把专制者踩在脚下，那有一个前提，就是这些专制者已经失势，变成了一介平民。这样的专制者会让人蔑视，因为他不再具有强权，也不再让人害怕。群体喜欢恺撒那样的英雄。他的权力威慑着他们，他的权力也吸引着他们。同时，他的利剑，更让他们心怀敬畏。

群体对强权低声下气，臣服于他们，但却反抗可欺的弱者。强权不可能一直存在，强权会一时得势，也会一时没落，这种时断时续、浮浮沉沉，也让追随它的群体反复无常。因为群体总是被这种极端的情绪左右，当强权得势时，他们也跟着无法无天。当强权失势时，他们又卑躬屈膝。

然而，如果我们认为，革命本能在群体中起着主导作用，那我们就完全理解错了，我们是误解了群体的心理，我们上当了，因为占主导作用的，不过是他们的暴力倾向。他们的这种反叛和破坏行为的暴力倾向，是十分短暂的，群体受着无意识因素的支配，而且十分强烈，所以他们对世俗的等级制度会屈服，会十分保守。对于这种群体，如果放任他们不管，那么他们很快就会变为奴才，会对混乱感到厌倦。比如，当波拿巴获得强权时，他压制了人们的自由，让每个人都敬畏他的铁血政策，然而，那些最为桀骜不驯的雅各宾党人却对此发出了欢呼声。

要想真正理解历史，理解民众的革命，那就必须考虑群体深刻的保守本能。没错，他们有可能确实希望改朝换代，为了取得胜利，取得这种变革。他们有时候会发动暴力革命，会不怕流血牺牲，然而，旧制度的本质仍然反映了一些问题，就是这些种族依然需要等级制，所以他们才能够得到种族的服从。群体像原始人那样，有着很强的保守本能，他们的多变，只是反映在表面的一些事情。他们是保守的，他们尊崇传统，却对新出现的事物感到极其恐惧。因为他们保守，对新出现的可能会改变他们生活状态的事物，他们才会恐惧。比如机器织机的发明，还有铁路、蒸汽机的出现，在那个时代，如果掌握着政权的是民主派，那么这些发明的出现会非常艰难，即使真的实现了，也肯定要付出革命和血的代价。然而，值得庆幸的是，对于文明的进步而言，群体掌握权力是在那些伟大发明和工业出现之后。

五 群体的道德

什么是道德呢？如果道德代表的是持续尊重一定的社会习俗，并且需要不断克制自己内心的冲动，那么对于群体来说，因为他们太容易被暗示而冲动，他们又非常多变，所以群体肯定是不道德的。但是，如果道德包括一些一时的品质，比如献身精神、舍己为人、自我牺牲等，那么我们就可以说，群体也会经常表现出很高的道德。

有少数心理学家在研究了群体之后，他们眼中只有群体的犯罪行为，而且这种行为非常多见，这就导致了他们得出群体的道德水平十分低劣这一结论。

无疑，这种情况经常存在，但是为什么是这样呢？这是因为我们自己本身，其实也继承了原始时代的野蛮和破坏的本能。这种蛰伏在每个人身上的本能，对于孤立的个人来讲，如果想要满足，那无疑是非常危险的，但是，当他加入一个群体后，恰好这个群体又不负责任，那么他们就会放任这种本能，使自己获得满足，因为他们自加入群体后就很清楚，他们是不会受到惩罚的。在生活中，我们不会把这种野蛮和破坏性的本能施加在我们周围的人身上，但是，为了满足，我们通常会施加在动物身上。群体会表现出一种懦弱的残忍，他们会将那些没有反抗能力的牺牲者慢慢杀死。这种事同群体捕猎对比，似乎有着相同的根源，因为猎人经常几十个人聚集在一起，带着猎犬，慢慢地围剿和捕杀一只没有反抗能力的鹿，这种残忍，是有着非常密切的关系的。

群体会杀人放火，他们无恶不作，但是他们并非全部如此，他们有时候也会表现出崇高的行为，比如献身、牺牲，以及一些不计名利的行动，这种极其崇高的行动，是孤立的个人根本做不到的。那些极其崇高的号召，如光荣、爱国主义、名誉等，它们影响最大的就是处于群体中的个人，使他们兴奋，甚至慷慨赴死。像这样的事例，历史上多得是，比如1793年的志愿者，还有十字远征军，也只有这样的群体，才能表现出那种伟大的不计名利的、英勇献身的精神。群体会为了一些信念、观念，甚至只是别人的只言片语，并且信念也只是一知半解，但是他们同样会英勇地献身，这样的例子在历史上成千上万！那些经常举行示威游行的群体，他们可能不是为了多一点薪水以养家糊口，而是仅仅为了服从一道命令！孤立的个人行动的动机，只有私人的利益，但是这种私人利益很难推动一个群体。在很多次战争中，群体的智力不足以理解这些战争，支配他们的也肯定不会是私人利益，因为他们甘愿被人屠杀。处于这种战争中的群体，他们就像是被催眠了的小鸟，而施加催眠的人，就是猎人！

这种严格的道德纪律，也会出现在一群穷凶极恶的坏蛋中间，而产生的原因，仅仅因为他们是群体中的一员。有一个事实，泰纳让人们引起重视，就是九月惨案[1]的罪犯们，他们从牺牲者身上获得了大量的钱包和钻石，他们本可以很容易地据为己有，但是

---

[1] 发生于1792年9月，监狱里关押的大批贵族和僧侣被冲进去的巴黎群众杀害，历史上称此次事件为"九月惨案"。

他们没有，他们全部交了出来，放在会议桌上。还有1848年的那段革命期间，在占领了杜伊勒利宫后，群众欢呼着呼啸而过，但是他们没有抢夺那些珍贵的财物，而这些财物对他们来说很重要，任何一件物品，都可以换得多日的面包。

群体会对个人的这种道德产生净化作用，这不是一成不变的，也不是常规。我刚才所说的环境比较严重，即使不是这样的环境，也是可以看到这种现象的。在前面的例子中我说过，在剧院里观看话剧的观众，都会要求话剧中的英雄有着超出现实的夸张的美德，同时也能看到，在一些集会上，即使组成群体的成员品质低劣，也能够表现出一本正经的形态。在一些危险的场合或者交谈中，一些桀骜不驯的人，或是拉皮条的人，抑或是粗人，会突然变得细声细语起来，这种场合与他们平日交谈的场合相比，是不会造成更多的危害的。

虽然群体经常会放纵自己低劣的本能，表现出恐怖的极端倾向，但是他们中也不乏高尚道德的典范。如果表现出顺从、绝对的献身精神，以及不计名利的行为都可算是美德的话，那么我们可以认为，群体经常会表现出这种美德，同时群体所达到的高度水平，是让人吃惊的，即使最聪明的哲学家也达不到那个高度。这种美德，群体在表现出来的时候，当然是无意识的，但是并不会影响大局，甚至我们不应该过多责备群体，经常说一些他们总是受无意识因素支配的话，说他们不善于动脑筋。可是，如果让他们有自己的思想，开动脑筋去考虑自己的私人利益，在某些情况下，我们地球就不会产生伟大的文明。同样，我们人类也不会拥有那么久远的历史。

第三章
群体的观念、推理和想象力

1. 群体的观念。基本和次要观念 / 什么原因使相互矛盾的观念并存 / 被群众接受的经过改造的高深观念 / 观念的社会影响与真理的关系。

2. 群体的推理能力。群体的推理能力低下 / 群体不受理性影响 / 群体接受的相似性只有表面的相似性。

3. 群体的想象力。群体的想象力极其强大 / 群体的形象思维,与逻辑无关 / 群体容易感动于神奇的事物 / 以事实的方式触动群体的想象力。

一 群体的观念

我在前一本著作《民族演变的心理规律》中，在研究各国发展受群体观念影响时已经指出了，每一种文明，其实都只是几个基本观念的产物，而且是有数的几个，这些观念很少变化和革新。我们说过，在群体心中，这些观念是多么深刻，多么根深蒂固，而且想要影响这一过程，会是多么艰难，同时也讲了这种观念一旦形成，会有多么大的力量。在最后我们又得出结论，正是因为这些观念的变化，引发了历史的大动荡。

我们在讨论这个问题上，已经花费了大量的篇幅，在这里，我就不想赘述了。我只想就群体能够接受的观念这一问题，简单谈一谈，同时谈一下群体在领会这些观念时，会采取怎样的方式。

群体能够接受的观念，基本上可以分为两类：一类是来去匆匆的观念，它只受一时的环境影响而产生。比如那些只会让某种理论着迷的观念，或者让个人着迷的观念。第二类是基本的观念，在遗传规律、公众意见和环境的影响下，这些观念具有极强的稳定性。像现在的社会主义、民主主义观念，以及过去的宗教观念等，都属于第二类基本观念的范畴。

我们刚才所说的那些基本观念，在我们的父辈中，是被他们视为人生支柱的，但是现在这些观念却发生了动摇，开始摇摇欲坠。这些基本观念的稳定性已经丧失了，同样，在这些观念上建立的制度和政权，也开始严重动摇。刚才我说的第一类，那种来去匆匆的观念，每天都在大量地形成，但是因为其受到一时的环境影响，它们很少具有生命力，也很少能够发挥长久的影响。

群体能够接受的观念，不管是什么观念，想要产生有效的影响，这些观念就必须具有简单明了、毫不妥协的形式，并且是绝对的。他们会以披上形象化的外衣这种方式，被群众接受。这些形象化的观念，就像操纵者从幻灯机中取出的一张又一张幻灯片一样，他们可以互相取代，在它们之间，也没有任何逻辑上的连续性和相似性。这就解释了一种现象，我们会看到非常矛盾的不同观念，却在群体中同时存在，并被相传。群体缺乏判断能力，他们总是处于一种观念的影响下，而这种观念，只是众多不同观念中的一种，是这个群体的理解力能够理解的。所以，群体会干出很多完全相反的事情。也正是因为群体没有批判精神，所以他们完全觉察不出这些观念的矛盾之处。

并不是群体才有这种现象，在孤立的个人中，也会看到这些现象。这些个人可不只是野蛮人，而是在智力上的某个方面，与原始人接近的所有人，比如某些宗教信仰的狂热宗派。我曾经看到一些印度人，他们在我们欧洲的大学里接受教育，有很好的教养，并且拿了文凭，可是在他们身上，也表现出了这种现象，很是让人费解。一些西方观念，会附着于第二类基本观念，或者社会观念上，在不同的场合、不同的观念都会表现出来，并且表现出来的那个人，他的言谈举止会显得极为矛盾。但是，与其说这些矛盾真的存在，还不如说这只是一种表面的现象，因为想要对孤立的个人产生足够的影响，只有那种一成不变的、世代相传的基本观念，只有这种观念才能变成他的行为动机。一个人的行为想要真正表现出截然对立，只能是这个人在不同的种族通婚下，受到不同的传统观念影响。在心理学上，这种现象虽然十分重要，但是我却不想过多地纠缠，讨论的篇幅再大也没有意义，因为想要真正理解它们，至少要在世界各地周游一番，并花上至少十年的时间。

群体所能接受的观念，必须是简单明了的，所以，一种观念想要变得通俗易懂，就必须经过一番深刻的改造。我们甚至会看到，在群体低下的智力水平下，一些高深莫测的哲学和科学观念，想要被群体接受，需要进行多么深刻的改造。这些改造是不同的，方式也是不同的，但基本上都是使观念变得低俗和简单，而且是由群体和群体所属的种族性质所决定的。从社会的角度来看，这也说明了一个事实，在现实生活中，很少存在高下之分的观念，也就是很少存在等级制的观念。一种观念的产生，不管它刚出现时有多么高深和伟大的成分，不管它多么伟大，仅仅是因为它进入了群体这一个理由，处在群体低下智力的范围内，并对群体产生影响，就让这种观念的伟大成分丧失殆尽。

如果从社会的角度来看待观念的等级价值，必须考虑这种观念所产生的效果，所以，观念的等级所固有的价值，并不怎么重要。比如今天的社会主义观念，以及18世纪的民主观念，还有中世纪的基督教观念，都算不上十分高明的观念。并且，如果从哲学的角度来看，这些观念只能是一些让人叹息的错误，但是在未来的一段时间里，它将以十分强大的威力，作为最基本的因素，去影响各个国家的行动。

一种观念，只有经过彻底的改造，并进入无意识领域，变成一种情感，才能被群体接受。而且，需要很长的一段时间，才能够产生影响。从观念改造到影响群体，这其中涉及各种过程，我们在下文中会做深刻讨论。

千万不要有这样一种想法，认为一种观念只要是正确的，那么它至少就会让一些有教养的人接受，产生影响。想要搞清楚这个事实，我们只要看一下几个确凿的证据，这些证据对大多数人的影响，其实是微不足道的。有教养的人也许会接受那些十分明显的证据，但是，那些信徒，他们的无意识思想，很快会将他们重新带回原点。过不了多久，人们就会发现，这些人又恢复了过去的样子，用他之前的语言解释他过去的证明。实际上，这种旧有的观念，已经变成了情感，那些人仍被这些旧有的观念影响着，并且，我们最隐秘的言行举止的动机，只能被这种观念影响。在群体中，这样的情况也是一样的。

不管观念通过什么方式深入群体的头脑中，只要观念已经产生了一系列影响，那么再和它对抗，将会是徒劳的、毫无意义的。比如那些引发了法国大革命的哲学观念，它们深入群体的心中，花了将近一个世纪的时间。可是只要它们变得根深蒂固，那么它就是不可抗拒的，它所产生的威力，被世人尽知。为了社会平等，为了实现理想主义与抽象的权利，整个民族所做出的追求，将使整个王室恐怖不已，变得摇摇欲坠，更让整个西方世界陷入动荡之中。在20年的时间内，各个国家都在内讧，就因为一种观念的传播，造成了大规模的屠杀，这种发生在欧洲的事情，就是让成吉思汗或者帖木儿看到了，都会胆战心惊。

一种观念，想根深蒂固地扎根在群体的头脑中，需要长久的时间，而消除群体头脑中的这种观念，也将花费长久的时间。所以，如果仅仅对观念来说，群体的观念会落后于哲学家、博学之士等聪明人很久，甚至几代人的时间。所以，现在的掌权者，那些政客，对于那些基本观念中的错误，虽然十分清楚，但是因为这些观念根深蒂固，依然有着十分强大的影响力，所以他们在进行统治的时候，也不得不依据这些错误的观念。

二 群体的推理能力

我们前面讲了群体的无意识状态，被别人支配，但是我们也不能十分绝对地说，群体是没有理性的，群体不会受到理性的影响。

在所有的论证中，能够被它接受，或者能够影响它的论证，在逻辑上划分，其实只属于十分拙劣的一类。我们只能用一种比喻的形式，将它称之为推理。

任何推理，不管是高级的推理，还是群体的拙劣的推理，都需要借助他们头脑中的观念，但有所差别的是，群体用来推理的各种观念之间，没有逻辑性，只有表面的连续性和相似性。群体的推理方式比较拙劣，有点类似因纽特人，他们的推理是从经验中得知的。比如，透明的冰，冰块放在嘴里可以融化，于是他们推理得出，玻璃也是透明的，放在嘴里也能被融化。又比如，有一些野蛮人，会认为只要吃了勇敢的敌人的心脏，那么他自己也就有了敌人的胆量。又比如一些苦力，一直受雇主的剥削，那么他就理所当然地认为，天底下所有的雇主都是剥削者。

把彼此不同的事物，只在表面上有一些相似性的事物混合在一起，同时让具体的事物普遍化，这就是群体推理的一个特点。对于那些操纵群体的人，他们深知这一点，所以他们提供给群体的论证，也都是这样的。这样的论证是唯一可以影响群体的，因为那些包含一系列逻辑推理的论证，是群体不可接受的，是不能理解的。我们可以这样说，群体只会错误地推理，或者他们就不会推理，也不接受推理的过程。通过演说家的某些演说词，我们只要读一下，就会惊讶地发现，这些演说词有多少弱点，可是就是这样的演说词，却能够深深地影响观众。如果你这样去想，那么你肯定遗忘了一点，这些演说词是用来说服群体的，而不是给科学家、哲学家阅读的！成功的演说家往往同群体有着密切的联系，他们知道什么样的形象对群体有诱惑力，知道如何去激发这一点，而且，只要他们成功做到这一点，那么就实现了他们的目的。如果拿20条经过认真思考的论证相比，它们对群体产生的影响，还不如几句简单而有说服力的话管用。

群体有没有推理能力，我们不需要再做深入的讨论。群体没有推理能力，也就没有任何批判精神。群体没有辨别真伪的能力，没法正确地判断一些事物。但是群体会接受判断，只不过这些判断是强加给他们的，并不是群体经过讨论、推理、采纳后得出的判断。在这些方面，不只是群体，有些孤立的个人，在推理上同样不高明，人们会轻易接受一些意见。他们之所以会接受，会普遍赞同，是因为他们觉得通过自己的推理，不能形成其他的、自己独特的看法。

三 群体的想象力

对于缺乏推理能力的人，比如说群体，由于推理能力的缺乏，他们的想象力就变得强大并且非常活跃，甚至异常敏感。简单的一个人、很小的一件事，都可以在他们的头脑中唤起栩栩如生的形象。从某种意义上来解释这件事的话，群体的理性可以说是被暂时停滞了，以至于他的头脑中产生的形象特别鲜明，但是如果他开始进行思考，头脑中的鲜明形象就会随着理性的出现而逐渐消失，就好比睡眠中的人逐渐清醒过来一样。正是因为群体缺乏思考和推理能力，这就使得他们没有畏惧，觉得世上所有的事情都是可能的，根本没有他们做不到的事情。也就是我们常说的，最不可能的事情往往是最为惊人的事情，这就是他们的认知。如同历史上，如果一个事件具有不同寻常的传奇的一面，那么这些传奇的方面往往会给人们留下最为深刻的印象，记忆力也最为清晰长久。事实上，正是这些不同寻常的传奇的内容，成为这种文明最坚实的存在基础。由此，我们可以说，这些表象的存在在历史上所起的作用往往比真相更加重要，就如同现实因素的存在往往比不上非现实因素的意义更大一样。

对于只会形象思维的群体来说，形象的重要性可想而知，他们一般也只能被形象打动。这些形象可以吸引或者恐吓群体，自然而然就成为群体行动的最直接动机。

基于以上我们对群体对形象的认知分析，不难想到，那些戏剧往往会对群体产生巨大的影响，因为戏剧大多都可以将人物形象演绎得活灵活现，这正是群体所需要的。在罗马，民众的理想和幸福可以说是特别简单的，只需要有面包和宏伟壮观的表演，他们就满足了，别无所求。以至于到了以后的所有时代，这种理想也没有发生太多的改变。可以说戏剧表演为群体的想象力提供了很多帮助。同样的戏剧情感，却有无数的观众同时体验着，可是这些情感并没有让观众立刻做出相应的行动，这是因为即使是最无意识的观众，也知道戏剧不过是一个个幻觉的牺牲品，为了那些想象中的离奇故事，观众奉献了太多的笑声和泪水。但是，就如同暗示对人们所起的作用一样，那些因为戏剧形象所暗示的情感存在，也对人们起到了同样的作用，最终使人们倾向于相类似的行动。这样的故事其实在我们的生活中有许多：如果剧场刚刚上演了一场让人情绪低落的戏码，当那些扮演叛徒坏人的演员在戏终离开剧场的时候，为了避免观众因为对叛徒义愤填膺的感情而做出对演员的暴力攻击，剧场的经理只能扮演一次保镖的角色，护送这些演员离开，虽然这些演员并不是真的罪恶之徒，那些罪行也仅仅是想象的产物而已，但这样的事情还是会经常发生。在这样的故事情节里，我们看到的是群体的心理状态，是对其施加技巧影响后显著的表现。也就是说，那些虚幻的因素对人们的影响一点都不比现实小，对于两者的心理倾向，人们基本上不会做任何区分。

在群体想象力的基础上，一代代的侵略者有了自己的权力以及国家的威力。要想很好地领导一个群体，那么领导者就必须在群体的想象力这方面下很大的功夫去研究。历史上有许多重大的事件，比如我们熟知的佛教、基督教或者伊斯兰教的兴起以及改革，法国发生的大革命，当今社会主义的出现，都是直接或者间接地受到了这种群体想象力的强烈影响而发生的。

另外，在这个世界上，几乎所有时代、所有国家的著名政客和君王，也都必须将群体的想象力视为自己权力的基础所在，不敢轻易与这种群体想象力做对抗。我们在其他记载中曾看到过这样一个故事，拿破仑对国会说："我之所以可以终止旺代战争，主要是因为改变了天主教；通过将自己变成一个穆斯林教徒，我得以在埃及站稳脚跟；为了赢得意大利神父的支持，我让自己成为一个信奉教皇至上的人；那么，如果想要统治一个犹太人的国家，最好的方法就是重修所罗门神庙。"可以说亚历山大和恺撒是最为了解如何理解和利用群众的想象力的人，他们始终全神贯注地研究并运用着这种强大的想象力。有记载称，不仅是在屠杀或者胜利演讲的时候，他们会把利用想象力这种观点铭记于心，甚至在他们临死之时，也没有忘记群体的想象力对自己的帮助。

既然群体的想象力有这么重要的作用，那么，我们自然会问，如何才能影响群体的想象力？这个我们很快便会在研究中了解到。在这里，我们可以先告诉读者，要想真正掌握这种本领，最不可取的方法便是借助智力和推理，也就是不能采用论证的方法。安东尼曾让民众反对谋杀恺撒的人，他没有利用所谓机智的说理演讲来说服人们，而是用手指着恺撒被谋杀的尸体，让人们意识到他有这种想法和意志。

我们先不去想到底是什么可以有效地刺激群众的想象力，往往那些最令人吃惊的鲜明形象最为有用。有了这些鲜明的形象，并不需要任何多余的解释，仅仅加上几个不同寻常的神奇事实，就足以刺激群众的想象力了。这些不同寻常的神奇事实，有时是一场非常伟大的历史性胜利，有时是一种令人震惊的奇迹，或者是令人痛恨的大罪恶。我们知道，一次大罪或者一个大事件和上百次小罪相比较而言，所造成的伤害要小得多，但却可以深深地触动民众的想象力，其给人们带来的震撼和留下的深刻印象远胜于那数百次小罪。几年前，巴黎发生了一次严重的流行性感冒，这次疫情难以想象地造成了5000人死亡，但这样严重的疫情却对民众的想象力没有造成多大的影响。其实原因很好理解，这种真实的大规模死亡虽然很震撼，但并没有以某个生动的形象表现出来，人们得以知道事情的真相和死亡数量，都是通过每周公布出来的数据信息，这就类似好多次小的死亡给人们的印象并不是很深刻一样。相反，如果这次死亡的人数不是5000人，仅仅是500人，但这样的死亡人数是在一天内发生的，而不是数周的累积，那么便自然会成为一件令人瞩目的重大事件，会对民众的想象力造成极大的影响，就如同埃菲尔铁塔突然倒塌一样令人震撼。曾经由于信息的滞后，人们以为一艘汽轮在穿越大西洋时沉没了，这件事在民众的心里造成了整整一周的影响和关注。但据统计，1894年仅仅一年的时间里，就有850条船和203艘汽轮在海上出事，如果从事件造成的财产损失和人员伤亡来看，这样的事件要比上边提到的那次汽轮沉没事件更加严重，但却没有引起民众足够的反响。

由此我们知道，可以影响民众想象力的，是事件发生以及引起人们注意力的方式，并不仅仅是事件的真实本身。也可以这么说，只有对这些事件进行一定的浓缩加工以后，它们才会形成一种令人瞠目结舌的异常惊人的形象。要想掌握统治民众的艺术，就必须先掌握影响民众想象力的方法艺术，这才是正确有效的方法。

第四章
群体信仰的宗教形式

宗教的感情有什么意义／宗教感情的特点／宗教感情并不由对某个神的崇拜决定／采用宗教的形式使信念更加强大／从未消失的上帝／新形势下的宗教感情复活／这些现象，从历史角度看有其重要性／历史上大事件的产生，不是因为孤立的个人意志，而是群体的宗教感情。

在前文中，我们已经证明了群体并不进行推理这个问题，群体对观念只有两种态度：要么全盘接受，要么全部拒绝。一种暗示，如果对群体产生了影响，那么就会使群体的理解力被彻底征服，并使其产生兴奋冲动，想要立刻将这种观念变成行动。我们还证明了，如果我们采用恰当的方式，给群体恰当的影响，那么为了自己所信奉的理想，群体也会慷慨赴死。同时我们还看到了，群体产生的情绪都是狂暴而极端的，群体所具有的同情心会以最快的速度变成崇拜，可是如果心里感到厌恶了，那么这种崇拜就会立刻变成仇恨。群体信念的性质，我们已经通过这些一般的解释揭示了。

对信念的考察不只流于表面，通过细致的考察，我们还会轻易发现，在政治大动荡的时代，或者狂热宗教信仰的时代，这些信念都会采用一种宗教感情的形式。我想，没有比这个称呼更好的了。

宗教感情的特点十分简单，比如崇拜想象中的某个高高在上的人，敬畏生命赖以存在的某种力量，对它的命令盲目服从，并且没有能力讨论它的信条，它们在传播这种信条的时候，通常有一种态度，如果有任何人不接受信条，那么就会被视为仇敌。这种感情所涉及的种类多样，不管是一具木头、石头雕像，还是一个看不见的上帝，或者心目中的某个英雄，或者某种政治观念，只要它具有了我们上面所说的简单的特点，那么它就有了宗教的本质。我们还可以看到，这种信念还会表现出超自然和神秘的因素，只不过是在同等的程度上。某种神秘力量，一时激起他们热情的政治信条或者获胜的领袖，群体会下意识地将这两者等同起来。

如果一个人只是崇拜某一个神，那么这个人的信仰其实还算不上虔诚。如果他想作为一个虔诚的人，那么这个人就必须把他自己的所有思想、所有自愿服从的行为、所有的发自内心的热情，全部奉献给某一个人，或者全部奉献给某一项事业，把这个人或者这项事业，作为自己的目标和准绳，全部的思想和行动的目标均以它为准。

宗教感情的伴侣中必然有偏执和妄想，那些认为自己把握住了今生或者来世幸福的人，不可避免地都会有这种表现。同时，聚集在一个群体中的人，如果受到某种信念的激励时，这个群体中也会有这两个特点。生存于恐怖统治时代的那些人，如雅各宾党人，他们骨子里面的虔诚就像宗教法庭时代的天主教徒一样，但是他们的残暴的动力也来源于此。

宗教感情有着固有的特点——残忍的偏执、盲目的服从、狂热的宣传，群体的信念也有这种特点。据此我们可以说，群体的所有信念都有着宗教的形式。一个英雄，如果受到了某个群体的拥戴，那么在这个群体中，这个英雄看起来就是一个真实的神。这样的神很好举例，拿破仑就是其中一个，并且他当了15年这样的神，这个神比任何其他的神受到的崇拜、膜拜都要多，都要频繁，而且他可以更轻松地置人于死地。即使是异教徒的神，或者基督教的神，也从未达到过这种程度。

一切宗教的创立者，或者某个政治信条的创立者，他们之所以能够站稳脚跟，取决于一个共同的特点，就是他们都成功地激起了群众那种想入非非的感情。他们让群众无限地崇拜和服从，并且能够让群众在这其中得到幸福，就会使他们心甘情愿为自己的偶像和英雄献出生命。这样的情况，在任何一个时代都是一样的。德·库朗热就在他的一部杰作（描述罗马高卢人的杰作）中指出，罗马帝国根本不是依靠武力维持的，而是它让群众产生的那种虔诚的赞美之情。他正确地指出："一种统治形式，被民众憎恶，但是它却能坚持五个世纪那么久远，这种现象在世界史上还不曾出现过。罗马帝国也只有30个军团而已，但是他们却能够不可思议地让一亿人俯首帖耳。"这一亿人愿意臣服的原因是——皇帝，就像神一样，全体人民都崇拜他，将他视为罗马伟业的人格化象征。在罗马皇帝统治的区域内，不管城镇有多大，就算是最小的，也都设有皇帝的祭坛进行膜拜。"在那个时候，从罗马帝国的一边到另一边，随处可见新宗教的兴起，这些宗教的神，都是罗马皇帝本人。在基督教产生之前的很多年间，代表整个高卢地区的60座城市，全都建立起了纪念奥古斯都皇帝的神殿，就像里昂城附近的那座庙宇一样的神殿……祭司，作为当地的首要人物，是由联合在一起的高卢城市选出的……不可能把这一切全部归结于人们的奴性和畏惧。不可能整个民族都是奴隶，更不可能三个世纪都是奴隶！崇拜皇帝君主的，不只是那些朝堂的臣子，而是整个罗马；但也不仅仅是罗马，就连整个高卢地区、希腊、西班牙和亚洲也是。"

那些支配着人们头脑的大人物，他们中的大多数人，现在虽然已经没有了祭坛，却依然保有他们的雕像，抑或画像，那些赞美者仍然把他们作为崇拜的对象。这些大人物，现在得到的崇拜不比他们的前辈少。群众心理学这个基本问题，只要我们深入研究一下，就能够理解那些奥妙的历史。不管群众需要什么，他们首先最需要的便是一个上帝，一个神！

千万不要认为，这种事情已经成为过去时，只不过是逝去的神话,这种事情早已经被理性清除了。在感情与理性的冲突中,感情从未失败过。现在的群众,虽然已经不再接触宗教或者神这种词语,但是在过去的一百年时间里,他们的崇拜对象却从没有这么多,就算是古代的神,也没有过这么多的崇拜。近些年来,但凡对大众运动有过研究的人都知道,在布朗热主义的号召下,群众所具有的宗教本能,非常容易复活。这位英雄的画像,在任何一家小酒馆中都能找到。他是群众心中的英雄,被人们赋予了权力,去铲除邪恶、匡扶正义,为了他,千千万万的人都愿意付出生命。他有着传奇般的名望,如果他的性格也是如此,那么他肯定是历史上的一位伟人!

从这里可以看出,那些说群众是需要宗教的话语,就是老生常谈,是没有用的,因为那些想要在群众中扎根的社会信条、神学,或者某个政治,要想把危险的讨论排除在外,那就必须以宗教的形式。即使群众可能会接受无神论,但是这种信念,同样会表现出那种属于宗教感情特有的偏执,并且它很快就会成为一种崇拜。我们知道实证主义者,它是一个小宗派,但是它的演变,却成为一个例子。陀思妥耶夫斯基是一位深刻的思想家。那些能够和这个名字联系在一起的人,即使是虚无主义者,只要某件事情在他们身上发生了,那么在实证主义者身上很快也会发生。某一天,他突然有了理性,在这种启发下,他冲上了教堂的祭坛,撕碎了神仙和圣人的画像，把蜡烛吹灭，并将无神论哲学家的著作摆了上去。这些无神论的哲学家有比希纳[1]、莫勒斯霍特[2]。面对这些哲学家的著作，他虔诚地点燃蜡烛。他的宗教信仰确实变了，但是，他的宗教感情却没有变。

我需要再重复一遍，如果我们想要理解一些历史上非常重大而又重要的事件，那么我们就必须研究群体的信念，研究他们在长时间内采取的宗教形式。在研究某些社会现象时，也必须从心理学的角度出发，并不能只着眼于自然主义。史学家泰纳在研究法国大革命的时候，只是从自然主义角度出发，所以，对于一些事件的起源，他并不了解。虽然他对事件有着非常充分的论证，但是如果从心理学的角度看，对于这些事件，他就找不到起因了。此次事件充满了混乱、残忍和血腥，这一方面让他感到十分恐慌，但是对于那位充满戏剧性的英雄，从他身上，泰纳没有看到他周围还有一群癫狂的野蛮人，他们恣意妄为，对自己的本能丝毫不加约束。这场革命是暴力的，充满了恣意的屠杀，但是他对外的宣传，对所有人发出的战争宣言，如果想要得到恰当的解释，那

---

[1] 比希纳（Ludwig Buchner, 1824—1899），19世纪德国一位无神论哲学家，因1855年出版《力量与物质》一书而出名，在书中他将所有的精神活动都用物理现象来解释。

[2] 莫勒斯霍特（Jacob moleschott, 1822—1893），德国哲学家、生理学家，1852年出版《生命循环》一书，是19世纪极为重要的唯物主义文献。

么我们必须认识到，这场革命只不过是在群众心中建立起一种新的宗教信仰。同类的现象还有很多，比如法国的宗教战争、宗教法庭、宗教改革，以及圣巴托洛缪的大屠杀，这些事件都是群众在受到了宗教感情激励后做出的。凡是有这种感情的人，对那些反对建立新信仰的人，他们都会用暴力残酷地加以清洗。宗教法庭所采用的方法，同那些有着不缺信念的人采用的方法一样，但是如果方法变了，那么他们的信念肯定也得不到这样的评价了。

我刚才提到了历史上很多重大事件，这些事件的发生，都是群众的灵魂想让它们发生才发生的。即使是专制独裁者，凭借他们自己的力量，也是无法做到的。那些拥有绝对权力的君主，他们可以专制，但他们充其量只是对显灵的时间有一个促进或延缓的作用。像圣巴托洛缪惨案，还有那些宗教战争，真的只是国王们做的吗？不是，这些事件就像那些恐怖统治，其实并不是丹东[1]、圣鞠斯特[2]或者罗伯斯庇尔所做的。深入地研究这些事件，我们就可以发现，事件的发生，完全是群体的灵魂在操纵。

---

[1] 丹东（Georges Danton,1759—1794），法国大革命中的领袖之一，他的立场是十分温和的。

[2] 圣鞠斯特（Louis de Saint-Just,1767—1794），法国大革命中的左派代表人物，他的性格与丹东截然相反，杀人如麻、生性残忍，他的名字几乎成了恐怖统治的代名词。

Gustave Le Bon
Psychologie des Foules

第二卷
群体的
意见与信念

第一章
群体的意见和信念的间接成因

1. 种族。种族的影响至关重要。

2. 传统。传统是种族精神的综合性反映／传统所具有的社会性意义／没有必要的传统将会成为有害因素／传统拥有最坚定的维护者——群体。

3. 时间。时间是一切问题的解药／信念的建立需要时间，信念的毁灭也需要时间／随着时间的推移，群体信念会从无序走向有序。

4. 政治与社会制度。政治与社会制度由民族性质决定／各个民族没有权力和能力选择自己想要的制度／名称相同的制度，其掩藏的东西将会不同／从理论上讲，不好的制度，也许是某些民族必需的。

5. 教育。教育会影响群众的错误观念／拉丁民族的教育制度／各民族的一些事例。

通过对群体精神结构的研究，我们已经知道了群体的感情、群体的思维和群体的推理方式，接下来我们看一下群体的意见和信念是怎么形成的。

群体的意见和信念形成的因素，即决定性因素有两种：直接因素和间接因素。

间接因素：能够使群体接受一些信念，并且这些信念一旦接受，对于其他的信念，就很难再接受了。间接因素会为某些情况的发生提供准备，比如，一些让人惊讶又具有很大威力的新观念突然出现，我们以为它们是自发出现的，但这只是一种表面现象。有些观念突然出现、突然爆发，并很快被人们付诸行动，这种突然性只是一种表面现象，通过深层次的研究，我们就会发现那些长久性的准备力量。

直接因素：是上面所说的长久性的准备力量的延续，它们能够实际说服群体，但是，如果没有间接因素，那么直接因素也不会起作用。换句话说，直接因素是使观念按照一定的形式，产生一定的结果。群体突然开始采用某个观念，就是这些直接因素造成的。突然爆发的一场骚乱，或者突然罢工事件，或者某个人被广大群众授予了权力，让他去推翻某个政府，其归根结底的原因，都是这些直接因素。

在过去的重大历史事件中，直接因素和间接因素都在发生着作用。我们举一个著名的事例：法国大革命这个事件的发生，它的间接因素有很多，比如贵族的严苛的赋税、先进科学思想的进步，还有那些著名的哲学家的著作等。在有了这些间接因素的准备后，群众的头脑就很容易被一些因素激怒，比如某些演说家的演讲，或者朝廷所采取的一些微弱的改良行动。

间接因素并不特殊，有的间接因素具有普遍性，在很多事件中都存在，比如种族、时代、传统和各种制度与教育，这些普遍性的因素是群体所有观念和意见的基础。

接下来，我们分别对这些普遍性的因素进行研究，探讨它们的影响。

一　种族

种族作为普遍性间接因素的一种，因为其重要的作用，本身就会超过其他的因素,所以必须被列为第一位。我在前一本著作《民族演化的心理规律》一书中,曾对种族进行过充分的研究,所以不需要再做详细讨论。在《民族演化的心理规律》中,我们曾说明过历史上种族的特点,以及种族一旦形成了自己的特点和秉性,那么根据遗传规律,会让这个种族有怎样的能力。种族的文化、信仰、制度和艺术,总之,这个种族文明中的所有东西,都只是它的外在表现。种族的力量会有这样的特点:任何要素,从一个民族传播到另一个民族时,都会经历深刻的变化。

社会的暗示性因素往往会通过环境和事件表现出来,并且会产生很大的影响。但是,如果这种因素与民族遗传下来的因素相反,那么这种因素只能是暂时性的,不会长久。

在本书接下来的章节中,我们还会讨论种族的影响,这种影响将会是强大的,会影响到群体的气质特征。这是一种事实,它会产生很严重的后果,不同国家的群体的信念和行为将会非常不同,并且,影响他们产生这种不同的方式也会非常不同。

二 传统

传统,即代表的是过去,过去的欲望、感情和观念等。它们不是通过个体产生的,而是由整个民族作用产生的。这种传统,对我们产生的影响是非常大的。

有些人可能会知道胚胎学，由于它证明了过去的时间会深刻影响生物的进化，生物科学也就发生了巨大的变化。如果更多的人知道胚胎学，那么历史学科也将会像生物学科那样发生变化。但是到现在为止，胚胎学还没有被人们广泛认识，同18世纪的学者相比，当今的许多政治家依然不会多么高明。这些政治家相信自己的过去能够和当今的社会决裂，社会前进的唯一道路，将会完全遵照理性的引导。

像其他有机群体一样，在历史上民族就形成了一个有机体，它想要发生变化，只能通过遗传积累的缓慢过程实现。

传统会支配人们，当人们形成民族那种群体的时候，这种事实将会更加明显。传统是不会轻易改变的，我们看到的传统轻易被改变了，只是被改变了名称，或者外在的形式。

对于这种事实，我们并不需要感到遗憾，因为不管是文明还是民族气质，只要脱离了传统，就不会存在。所以，自人类产生以来，便一直存在着两大关切点：一是建立符合当时社会状况的传统结构；二是当传统中好的成果，随着时间推移，已经不好，甚至变得破败的时候，就会将这种传统努力加以摧毁。文明不能脱离传统而存在，如果不去摧毁破败的传统，那么也就不可能进步。传统如何在稳定与变化中取得平衡，这是非常困难的。如果一个民族的习俗过于牢固，牢不可破，那么传统就不会被摧毁，不会发生变化。如果出现了这种情况，就算发生暴力革命，也没有多大的用处。通过暴力革命，产生的结果无非就是打碎原有传统的锁链，可是当这些破碎的传统拼接在一起后，还会是原先的样子，并没有进步。如果这些破碎的锁链没有被拼接在一起，而是放任不管，那么就会很快衰败，取而代之的将是无政府状态。

所以，对于一个民族，最合适最理想的就是在保留过去制度的情况下，通过微弱的、不易察觉的方式，细微地去改进它们。虽然这种理想状态很难实现，但是也有将它变成现实的，那便是古罗马人和近代的英国人。

然而，群体会坚守传统的观念，不希望发生变革，这种思想是极其顽固的，最为明显的例子便是有地产的群体。群体的保守主义精神，是我坚定认可的，因为最狂暴的反对，所产生的变化，也只存在于嘴皮上而已，不会深刻地改变原有观念。18世纪末期，宗教观念遭到了极大迫害，教堂被人们摧毁了，僧侣们遭到了驱逐，有的人甚至丧命，当时有人会想，宗教观念肯定已经成为过去。实际上，过了没几年，就又建立起了曾经被严厉禁止的公开礼拜制度。

从这个事例中可以看出，旧传统只是被暂时消灭了。随后，这些旧传统又恢复了昔日的影响。

想要更好地反映传统对群体心态的巨大影响，其实我们是找不到这样的事例的。住在庙堂之上，或者宫廷里那些最为专制、严苛的暴君，这些所谓的偶像，人们瞬间就可以将之打碎。而真正支配我们心灵的主人，是看不见的，它会避开所有的反对，在数百年的时间里，在潜移默化中，被慢慢地消灭掉。

三　时间

时间对于社会问题，是最有力的因素中的一个，就像时间对于生物问题一样。时间能够真正创造唯一，也能够真正地毁灭唯一。积水成河、积土成山，最需要的就是时间。同样，从久远的地质时代，一个模糊简单的细胞，变成现在的人类，需要的也是时间。一切固有的现象和事物，在经过几百年的时间后，都会发生变化。人类正确地意识到，只要有足够的时间，就算是蚂蚁，也能把勃朗克山移平。如果存在随意改变时间的魔法，当然是如果，并且被某人掌握了，那么这个人几乎就有了那些信徒曾经赋予上帝的权力。

时间的影响有很多，我们在这里只讨论群体形成的意见是怎样受到时间影响的。从这个方面去看，时间依然有着非常大的作用。像种族这样重大的要素，它的产生也是依靠时间。一切信仰的诞生、成长和死亡，依靠的也是时间。同样，时间使它们获得了力量，也会使它们失去力量。

总的来说，群体的信念和意见都是由时间堆砌起来的，也可以说，时间为群体的信念和意见的成长提供了必要的土壤和养分。所以，一种观念能够出现在一个时代，却不能出现在另一个时代，就是这个原因。是时间把各种观念、信仰、思想等碎片集聚起来，形成这个时代的思想和观念。可以说，思想与观念的形成，根植于漫长时间岁月的积累，可不像掷骰子那样凭运气。正是因为时间，让信念和观念开花结果。但是如果想深入了解这种观念的起源，就必须追溯过往。它们是历史的子女，是未来的母亲，同时更是时间永远的奴隶。

如此，可以说时间是我们可靠的主人，只有让时间自由发挥其作用，我们才能更好地看到所有事物是怎样逐渐发生变化的。群众是具有可怕愿望的，这样的愿望预示着一定会发生可怕的破坏和骚乱，今天面对这样的状况，我们会感到非常不安。要想恢复我们的平衡状态，也许除了依靠时间的抚平外，我们就再也没有其他的方法了。拉维斯先生说过："我们找不到任何一种统治形式，是能够在一夜之间就顺利建立起来的。我们需要数百年的时间才可以打造出政治和社会组织这样的产物。同样，封建制度要想建立起它的典章，也必然是经历了数百年的毫无秩序的混乱时期。就算是绝对君权,在找到统治的成规之前,也经历了数百年的存在积累。所有这些等待的时期,必然是极其动荡不安的。"

四 政治和社会制度

社会的弊端需要制度加以改正,国家的进步也是在逐渐改进制度和统治的过程中得以实现的,社会变革需要通过各种各样的命令来一步一步地实现——这些理论想法应该是受到普遍赞同的。这些可以说是法国大革命的起点,同时,也是目前各种社会学说建立的基础。

这个重大的谬见并没有被一系列具有连续性的经验动摇。许多哲学家和史学家都曾费尽心机地想要证明这种理论的荒谬,得到的结论却是,各种各样的制度都是观念、情感以及风俗习惯所造成的产物,而这些观念、情感以及风俗习惯并不会因为法典的改写而随之被一并改写。一个民族并不能随意地选择他们的头发和眼睛的颜色,同样,这个民族也没法随意选择自己民族的制度。制度和政府可以说都是种族的产物,它们是由一个时代创造出来的,并不是这个时代的创造者。要想对一个民族实行统治,一时的奇思怪想是不行的,这是由于他们本身具有的性质决定了他们要被统治。一种统治制度的形成,并不是一朝一夕的事,而是需要上百年的时间积累的，同样，改造它也是需要很长的时间的。各种制度并没有所谓的固定的优点，就制度本身而言，它们是无所谓好与坏的。在特定的历史时刻，一种对民族有益的制度，并不一定对另一个民族同样有益，甚至会有坏处。

进一步解释的话，可以这么说，一个民族并不具备能够真正改变其制度的能力。那些以暴力革命为代价实现的改变，仅仅改变了名称，其本质却没有受到任何改变。而名称仅仅是一些毫无用处的符号标记而已，历史学家如果深入事物的深层进行思考，是不会留意这些名称的。正因为如此，英国虽然号称是世界上最民主的国家，却依然生活在君主制度的统治之下。相反，那些专制主义，经常表现得十分嚣张，具有明显的压迫性，确实存在于美洲共和国中，这些国家都有共和制的宪法。因此，能够决定各民族命运的，不是他们的政府，而是他们的性格。在前一本书中，我也曾提到过许多典型的事例用来证明这个观点。

如此说来，如果把时间用在炮制各种煞有介事的宪法上面，就如同小孩子的把戏一般，是浪费时间，是毫无实际用处的劳动。必要性和时间才是承担宪政完善的责任所在，最明智的做法便是让这两个因素发挥其应有的作用。盎格鲁－撒克逊人采用的便是这种方法，他们伟大的史学家麦考利曾写过一段话告知人们，他说拉丁民族各个国家的政客们，都应该由衷地学习这种方法。他曾指出，那些可以通过法律为国家带来的好处，如果纯粹地理性思考，会是一片荒谬和矛盾的存在。之后，他对那些拉丁民族制定出来的宪法和英国的宪法做了一些对比，发现，英国的宪法事实上都是随着时间一点一滴逐渐发生着变化，那些影响是来自必要性的，而不是来自思辨式的推理，完全有别于拉丁民族那些一拥而上发疯般制定出的宪法文本。

> 他们从来不会考虑是否对称，是否严谨，只考虑有没有用；从来没有因为不一致而要消除不一致，除非对这种不一致感到不满了，否则绝对不会轻易变革的；如果需求革新，那么就必须能够消除这种不满；针对某些具体的情况，除了提供一些必要的条款外，就绝不会再做多余的，提供更大范围的条款——这些原则被遵从的时间很长，从约翰国王时代，一直到维多利亚女王，时间长得超乎想象，竟支配了我们二百五十届议会，这么长的时间，使它变得更加从容不迫。

各个民族的需要，在很大程度上，都是通过各民族的法律和制度体现的，要想说明这个问题，如果没有进行粗暴的变革的话，那么就必须对这些法律和制度一一审查。比如，对于集权制的缺点和优点,我们可以在哲学上深入研究。但是,我们会看到这样的情况,一个国家是由不同的种族构成的,而且这些国民为了维护这种集权制,竟然用了一千年的时间;我们还会看到一种情况,一场爆发的大革命,它的本意是完全摧毁过去的一切制度,但是,在这场革命中,它却又不得不遵守这种集权制,甚至会进一步强化这种集权制。在这两种情况下,我们可以得出结论,这种集权制是这个民族的必要产物,是这个民族赖以生存的条件。有些政客妄谈想要毁灭这种制度,对于他们,我们只能报以怜悯,同情他们低下的智商。但是如果他们真的去毁灭这种制度,并且还恰好成功了,那么,他们的成功将会带来一场残酷的内战,会形成一种新的集权制度,这将会比旧有的制度更具有压迫性。

通过以上的讨论,我们可以得出这么一个结论,我们不能从制度中找到那些能够深刻影响群体禀性的手段。我们能够看到,像美国那样的一些国家,处于民主制度,并且获得了极大的繁荣和发展。而像西班牙人的美洲共和国那些国家,所处的制度与民主制度极为相似,但是他们没有得到繁荣发展,反而处于水深火热的混乱状态。通过这两种极端国家的对比,我们能够知道,一个民族的伟大和衰败,是与这种制度没有关系的。各个不同民族的行动,支配他们的是自己的性格,但凡与这种性格不吻合的,即使拿来了,也不过是暂时借来的,只能作为表面的伪装。毫不怀疑地说，一直存在着为建立某个制度而进行的暴力革命，或者血腥的战争，并且这样的情况还会一直发生，人们对待这些制度，就像对待圣人的遗骨那样，认为这些制度具有超能力，是能够带来幸福、和平与繁荣发展的。从某个方面来说，发生这种大范围的动荡，却是因为制度反过来作用于群体的头脑。但是我们知道，不管暴力革命是成功还是失败，这些制度本身没有那样的能力，也就不会产生反作用。所以并不是制度反作用于群体的头脑，而是一些幻象和词语。词语更甚，词语的强大和它们的荒诞一样。在下面的讨论中，我们就看看荒诞的词语，能产生怎样令人吃惊的影响。

五 教育

有这样一种观念，认为教育能够大大地改变人们，而且一定会改变人们，甚至能够让人们变得平等。这种观念一直被重复着，从来没有间断过，仅仅是被不断重复这个事实，就早已让它成为最坚固的民主信条。现在如果想要打败这种观念，无疑会像过去打败教会一样，是无比艰难的。

像其他许多问题一样，在对待这个问题上，经验的结论同民主观念与心理学，有着极为深刻的差异。已经有很多杰出的哲学家证明了这个问题，这里面就有赫伯特·斯宾塞，他们证明，教育是不会使人变得更道德的，同样也不会使人变得更幸福，这些是与教育无关的。同时，教育也不会改变人的本能，更不会改变他与生俱来的热情。但是通过教育，只要有一点不良的引导，那么它所造成的影响，害处将远远地大于教育带来的好处。这个结论并非无中生有，有统计学家已经证明了，他们指出，随着教育的发展，或者某种教育的发展，犯罪现象是随着教育的普及而增加的。我们可以发现，社会上一些公认的坏人，也是接受过高学历教育的，甚至在学校都有着优秀的成绩，获得过奖项。阿道夫·吉约作为一位杰出的官员，在最近的一本著作中说道，从目前统计的数字来看，这些罪犯中，接受过教育的和没接受过教育的，他们的比例大约是3∶1，在过去的50年中，犯罪比例也上升了，从原先每10万人中有227人犯罪增加到552人，同比增长了143%。他和他的同事们还注意到，年轻人的犯罪人数增加了，可是，大家知道，为了让年轻人接受更好的教育，已经不再需要交费，而是免费的教育制度。

我们当然不能这样说，即使通过正确的引导教育，也不能给人们带来益处，谁都没有这样说过，因为这是错误的主张。因为，就算教育不能改变人们的道德，不能使道德得到良好的发展，但是在专业技能上，还是能够带来益处的。

但是，非常不幸的是，在过去的25年中，拉丁民族的教育制度存在着原则性的错误，那时候有一些最杰出的头脑，最出名的包括布吕尔、德库朗热、泰纳等，他们都曾提出许多可行性意见，但都未被采纳，统治者依然不思悔改。我在过去出版的一本书中指出，法国的教育制度使得许多本来受过教育的人，渐渐变成了社会的敌人。

这种教育制度的出现可以说是非常危险的，有一个最基本的事实，那就是这种制度本身是以一种具有本质错误的心理学观点为基础。它认为，智力的提高主要是靠一心学好教科书来实现的。正因为要采用这种观点，就不得不尽全力强化各种手册中的知识点。从小学接触教育直到大学毕业，一个个年轻人除了死记硬背教科书以外，对于个人的主动性和判断力用之甚少，很难派上用场。这就使得受教育对他们的唯一意义只有背书以及服从。

朱勤西蒙先生曾担任公共教育部部长，他写道："学习一门课程，虽然做到了把一种语法或者一篇纲要牢牢地记在了心里，可以很好地重复或者模仿。但这样的教育方式何其可笑，教育中的每项工作似乎都变成了一种信仰的存在，那就是，教师永远是对的，不可能会犯错误。而这种教育方式所得到的成果，无疑就是学生会贬低自我，越来越无能。"

如果这样的教育方式最大的问题是无用，那么人们至少还可以出于同情看待受教育的孩子，虽然他们未能学到真正的知识，但至少他们记住了一些看似有用的科普，比如科劳泰尔后裔的族谱。纽斯特里亚和奥斯特拉西亚[1]之间的冲突，或者动物分类方面的知识。但事实上，这种教育制度不仅无用，更是存在着很严重的危险性，那些服从这种制度的人，会强烈地厌恶自己的生活状态，想要逃之夭夭。结果便是，工人再也不想当工人，农民也不再想成为农民，而那些地位卑贱的大多数中产阶级，不仅自己吃着国家职员这口饭，还依然想让自己的孩子同样吃这碗饭，而不让他们从事其他任何工作。法国的学校没有教会学子们如何为生活做好准备，而仅仅只是打算让他们从事政府的职业，这个过程不需要任何的自我定向，或者自我的主动性，只要在从事政府职业这件事上取得成功就完全可以了。这种制度可以在社会等级的最底层创造出一支无产阶级的大部队，他们永远都对自己的命运表现出愤愤不平的态度，似乎随时都想要站起来通过造反而改变命运。相反，在社会等级的最高层，培养出了轻浮的资产阶级，这部分人多疑，却又容易轻信别人，对国家的信任近乎迷信，就如同天道一般，却不忘经常性地对其表示出敌意，他们善于将自己的过错推给政府，如果没有了当局的干涉，他们注定一事无成。

国家用教育、教科书，让很多人具有了高文凭，然而国家只

---

[1] 纽斯特里亚和奥斯特拉西亚是中世纪（6—8世纪）墨洛温王朝时代的两个王国，由法兰克人建立。

能利用这部分人中很小的一部分，那么另一部分只能无事可做。所以，工作只能给最先来的人，后面剩下的人便成为敌人。社会这个具有等级的金字塔，从最高等级到最低等级，从最普通的小秘书到警察局长，有无数具有文凭的人，一边炫耀自己的文凭，一边去争抢一些职位，商人最想找的自然是能够处理殖民生意的职位，但却非常难，而大多数人，只能找一些最普通、最平庸的职位。在塞纳那个地方，仅仅这一地，从事教师职位的男女就有大约两万人失去了工作，但是他们又都瞧不起农场或工厂，只想着从国家那里找到工作。但是工作职位有限，被选中的人毕竟只是少数，那么其他人肯定就会心存不满。这些心存不满的人，随时都会参加各种革命，不管这场革命是为了什么，也不管这场革命的领导者是谁。所以说，掌握一些派不上任何用场的知识，反而成为促进人们造反革命的因素。

很显然，现在再悔恨已经晚了，但是众多的老师中，只有经验这位良师，才会在最后指出我们的错误。只有经验能够证明，我们必须废除那些教科书，废除那些惨无人道的考试，从勤劳的教育着手，倡导年轻人去从事农场或工厂的工作，回到他们曾经极力逃避的殖民地事业。

现在看来，我们祖辈所理解的教育，正是一切接受教育的人所最迫切需要的教育。然而在今天，某些民族依旧依靠自己的意志，创造精神或者开拓能力去统治人民，在这些民族中，这种教育依然十分活跃，具有很强的生命力。泰纳先生在一系列著名的文章中指出了（在下面的讨论中，我们还会引用其中的一些段落），今天英国和美国的教育制度，同我们过去的教育制度，是相似的。同时他也对拉丁民族的制度，以及盎格鲁－撒克逊民族的制度进行了比较，非常明确地说出了这两种制度的后果。

在迫不得已的情况下，也许人们会继续接受古典教育中的全部弊端，尽管这种教育培养出来的人，都是心怀不满的人，都是对现在的生活状态不满的人，但是通过接受大量肤浅的知识，或者按部就班地背诵一些教科书，毕竟能够提高智力水平，能够提高专业技能。但是现实真的像人们认为的那样吗？真的能够提高这种智力水平吗？显然是不能的！想要取得成功，依靠的是经验，是判断力，是开拓进取的精神，然而这几种必要的因素，却是教科书不能教给我们的。字典或者教科书，可以是我们成功路上的参考工具，可是要是把它们一味地放在脑子里，却是没有一点用处的。

那么如何让教育提高智力水平呢？怎样让教育的好处远远大于古典教育的水平呢？泰纳先生就做出了非常聪明的回答：

观念的形成是自然而然的，是在它正常的环境中形成的，想要促进年轻人观念的成长，就必须让年轻人从农场、工厂、矿山，以及法庭、医院和建筑工地，从这些地方得到感官认识。他们必须亲自接触各种各样的工具、材料以及操作，也必须亲自和工作者、劳动者在一起，不用计较他们是做好了还是做坏了，是赚钱了还是赔钱了。只有通过这种方式，才能让他们通过眼睛、鼻子、手，收获一些理解，尽管这些理解是微不足道的。在这个过程中，学习的人会不知不觉从这些细节中慢慢琢磨，逐渐在心中产生某种认识，并且随着时间的推移，或早或晚都会产生一些提示，让他们开始动手尝试新的组合，或者是创造发明和改进。然而对法国的年轻人来说，比较遗憾的是，在他们最适合学习的时候，却被剥夺了这种学习方式，使他们不能接触到这些必不可少的因素。因为，在那段时间里，七八年的时间，他们是被关在学校里学习教科书，失去了一切亲身体验的机会，所以他们对于社会上的人和事，以及管理这些人和事的方法，都没有正确而鲜明的理解。

　　……在十个人中，至少有九个人，在几年间，把他们最宝贵的时间浪费了，把他们的努力浪费了，可是这几年却是最有效、最重要的几年，甚至起着决定性的作用。

在那几年中，有将近一半或者三分之二的人被淘汰了，因为他们一直都是为了考试而活着。还有一半或者三分之一的人，通过超负荷的工作，得到了某种学历或者文凭。在考试规定的某一天，人们坐在一把椅子上，面前放着一张桌子，他们要连续考试两小时，考试的内容涉及诸多的学科，一定要让他们成为人类知识的字典，能够解决各种问题，没有比这种苛刻的要求更过分的了。在那个特定的一天中的两小时里，他们也许正在做到正确或者将要接近正确，但仅仅在那两小时里是这样的，用不了一个月的时间，他们就不再会是这两小时的样子了，要想再通过相同的考试，基本上是不可能实现的。他们脑子里，那些曾经存在的、过多或者过于沉重的知识会逐渐流失，却没有什么新的知识可以补充进来。这就导致他们的精神逐渐衰退，活力降低，继续成长的能力越来越不如之前，虽然出现在世人眼前的是一个得到过充分发展的人，但这个人却同时是一个筋疲力尽的人。这样的人，他会一点点陷入生活的俗套，成家立业，将自己的生活缩小在一种狭隘的职业之中，仅仅只是在工作中比较本分而已。这就是我们所说的平均化收益，收入是很难抵消开支的。

1789年以前，法国可以说就如同美国或者英国一样，在采用了相反的方法之后，所得到的结果却没有什么不同，甚至达到了更好的效果。

此后，这位历史学家还向我们揭示了我们的制度与盎格鲁－撒克逊人之间存在的差别。后者其实并没有如我们一样多的专业学校。他们的教育与我们的不同，不是简单地建立在啃书本的基础上，他们其实更加注重实物教学。举个例子，他们有很多的工程师，这些人不是在学校里培养出来的，而是在车间里训练出来的。这样的教学制度达到的结果是什么，那就是每个人都能在学习的过程中达到他们本身智力允许他们达到的水平。如果这个人没有表现出进一步的发展能力，那么他可以成为普通的工人或者领班，如果他的天资更高，则可以成为工程师。可想而知，如果同那些前程基本上取决于当年那一次几个小时考试的做法来比的话，这样的方法一定是更加民主的，也是对社会最为有利的。

那些在工厂、医院以及矿山，在建筑师或者律师的办公室里，有些学生十分年轻，便开始了学业，他们按部就班地度过了他们的学徒生活，就如同办公室里的律师秘书，或者那些工作室里的艺术家。在真正地投入实际工作之前，他们也有机会接受这样的一般性质的教育，便会提前准备好一个框架，可以将他们在这个阶段迅速观察学到的知识储存起来。另外，他还在自己的空闲时间里得到了各种各样的技能，这样就可以逐渐同他日常所学到的那些经验协调起来，保持一致。在这样的制度下，实践能力得到了最好的发展，并且适应于学生自己的才能，其发展的方向也是与他未来会遇到的任务以及特定的工作要求符合的，也就是他今后从业生涯中需要做的工作。因此，在英国和美国这样的国家，年轻人可以很快找到自己的位置，这个位置可以很好地发挥他的能力。在25岁的时候，如果说各种所需的材料和部件是不缺少的，可能这个时间还会有所提前，这样的学生不仅成为一个非常有用的工作者，还可能具有很好的自我创业的能力；他成为一个发动机，而不仅仅是一台机器上的简单零件。相反，在法国这样的国家，制度是与此相反的，一代又一代人正在向中国看齐，因此也就造成了很大程度上的人力浪费。

拉丁民族的教育制度与实践生活可以说产生了越来越大的差距，这位伟大的哲学家因此得出了这样的结论：

教育有三个阶段，我们分为儿童期、少年期和青年期，如果从学历文凭的角度看这个问题，那么坐在教室里，努力学习教科书、背理论的时间，简直就是太长了，而且他们还承受着巨大的负担。而且仅仅从学历文凭这个角度看，采取的教育方式也是非常错误失败的，这种教育方式是与社会对立的，是违反自然的制度，是不可行的。这种教育制度过多地延长了年轻人的受教育时间，同时学校还采用了很多错误的制度，比如寄宿制、填鸭式教育，人为强制的训练，年轻学生的功课负担过重，而且这种教学不考虑之后的时代发展，不考虑年轻人毕业后的年龄，以及他们可选择的职业，也不考虑年轻人将要投身生活的世界，不考虑我们最终是要生活在这个世界的，不考虑我们在融入这个社会之前必须先学会适应这个社会，也不考虑我们自身在社会中必须保护自己、必须斗争，也不考虑我们在社会中为了站稳脚跟，我们必须有充足的装备和坚强的意志。可是这些学校都没有给，法国的年轻人从学校得不到这些东西。学校远没有给他们应付生存所需的装备、意志和素质，不但没有给他们，反而破坏他们的这种素质。因为这些，当年轻人走进社会后，他们只会遭受一系列的挫折，非常痛苦，这种挫折造成的创伤即使过去很长时间，也是无法愈合的，他们甚至会因此失去生活的能力。这种实验是很困难的，而且非常危险，这个过程会产生很多不良的影响，尤其是精神与道德的均衡方面，这种不良影响有可能永远不会恢复。这种欺骗十分严重，让人产生的失望太强烈了。

我们上面所说的，是否偏离了我们所讨论的群体心理学的主题呢？我知道肯定不是这样的。今天，群体中正酝酿的，明天也许就会出现在各种观念和思想中，如果我们想要深入了解，那么我们就必须对形成这种观念和思想的因素进行了解。通过教育的方式，能够让年轻人了解当前的国家形势以及以后会发展成什么样子。从这个方面来看，这一代年轻人所接受的教育，无疑是让人失望并垂头丧气的。教育会改善或者恶化群体的头脑，至少会起一部分作用。所以，对于头脑是如何由当前的制度产生的，中立的群众是如何变得心怀不满，并且随时打算听从虚假分子的暗示，是很有必要说明一下的。

第二章
群体意见的直接成因

1. 形象、词语和口号。词语和口号展现的神奇的力量／词语展现的力量是由其所唤起的形象决定的／形象的存在会因为种族和时代的不同而有所不同／为旧的事物更换一个新的称呼具有的政治作用／种族的差异对于词语的变化造成的影响／"民主"在欧洲和美国两地所具有的不同含义。

2. 幻觉。幻觉的重要性／幻觉存在于所有文明的起源中／相对于真理，群体更喜欢幻觉。

3. 经验。经验可以让真理在群体心中扎根／经验在不断地重复后才能很好地生效／为说服群体是需要付出经验和代价的。

4. 理性。理性对群体几乎没有任何作用／无意识的情感是影响群体的主要因素／历史中逻辑的重要性／如何发生不可思议的事情。

我们刚刚讨论了决定群体意见和信念的间接因素。接下来我们还需要研究一下那些能够发挥直接性作用的因素。在这一章，我们会研究探讨，如何适当地运用这些因素，使得其作用可以发挥得更加充分。

在本书的第一部分，我们已经研究过群体的观念情感和推理方式，有了这些知识基础，我们可以很容易地从那些影响他们心理的方法中，总结归纳出一些一般性的原理。我们知道，群体的想象力是受哪些事情刺激的，也清楚那些通过形象性的表现方式存在的暗示给群体带来的力量，以及相互传染的过程。但是，暗示可以有许多不同的来源之处。同样的道理，能够影响群体心理的因素自然也是有所不同的，因此需要我们对其进行分别研究，并且这种研究一定是有益处的。古代的斯芬克斯神话就如同一个群体，只有对其心理学的问题给出了答案，才能使得其不被毁掉。

一 形象、词语和口号

在研究群体的想象力时，我们看到，它特别容易被形象产生的印象左右。这些形象并不是随时都会有的，但是利用一些词语和口号之后，我们就可以很巧妙地将这些形象激活。在经过艺术化的处理之后，那些形象就会具有一种神奇的力量，在群体中可以掀起的影响也必然是最可怕的。反而用之，它们也可以用来平息风暴。借用各种词语和口号的力量造成的死亡，多到只用他们的尸骨便可以建造一座金字塔，甚至比古老的齐奥普斯更高。

词语所具有的威力是和它们能够唤醒的形象相关的，同时又是相对于它们的真实含义所独立的。那些影响最大的词语，往往是最不明确的词语。例如我们知道的社会主义、民主、自由、平等，这些词语的含义是模糊的，即使我们搬出一堆专著来看，也不能很好地确定这些词语的准确所指。但是，这简单的几个词语，却有着异常神奇的威力，几乎成了解决许多问题的灵丹妙药。许多不同的潜意识中，那些抱负和可以实现的希望，都被这些词语集于一身。

说理和论证没有办法战胜某些词语和口号。它们基本上是和群体同时隆重地出现在世人面前的。只要听到这些，人们都会对其表示敬意，甚至俯首而立。许多人把它们当作自然的力量，甚至有人认为这是超自然的力量存在。它们的含义模糊不清，使得它们具有了神秘的力量，可以在人们的心中唤起壮丽宏伟的幻象。它们几乎同藏在圣坛背后的神灵一样，使得那些信众在它们面前诚惶诚恐。

词语可以唤起的形象是独立于它们本身的含义的。这些被唤起的形象会因时代和民族的不同而不同。不过口号一般都没有多少改变，有些暂时性出现的形象必定是同一定的词语联系在一起的；词语就如同电铃的按钮一般，可以用来唤醒所需要的形象。

事实上，并不是所有的词语和口号都能够起到唤起形象的作用，有些词语在特定的一段时间里是具备这种能力的，但在逐渐使用的过程中，就会失去这种力量，无法让人们的头脑产生任何反应。这个阶段后，它们就会变成一些空话，能达到的作用也就是让使用者免去一些思考的义务而已。如果我们善于用自己年轻时候学到的那些口号和常识将自己很好地武装起来，那么我们应付生活所需要的一切就迎刃而解了，再也不必花心思去思考很多事情了。

如果有时间研究一下那些特定的语言，我们就会发现，其实它所包含的词语在时代的变迁中变化是很缓慢的，但是这些词语所唤起的形象，或者说人们在这个过程中赋予它们的含义，却在不停地发生着变化。我在另一本书中也研究了这个问题，曾得出这样一个结论：想要准确地翻译一门语言，尤其是那些死亡的语言，基本上没有任何实现的可能性。如果让我们用一句法语取代一句拉丁语、希腊语或者《圣经》里的句子时，又或者当我们想要理解一本二三百年前用我们自己的语言写成的书籍时，我们实际上能够做到多少呢？能够实现什么价值呢？结果也不过是用现代生活可以赋予我们的一些形象和观念代替另外一种不同的形象和观念而已。它们是古代的一些种族头脑中所形成的产物，那些人的生活状态和习惯和我们基本上是没有任何相似之处的。大革命时代的人，当时以为自己是在模仿古希腊和古罗马人，但事实上，他们除了能够将从来没有存在过的含义赋予当时的词语上外，其他的什么都做不了。

希腊人的制度与当下用相同词语设计出来的制度相比较，有多少相似之处呢？那个时代的共和国，在本质上是一种类似贵族统治的制度，由小部分能够团结一致的小暴君统治着一群绝对服从的奴隶，这样的制度是建立在奴隶制之上的集体贵族统治，没有了这种奴隶制，所谓的共和国制度也就不复存在了。

"自由"这个词同样如此。在一个从未想过思想自由的时代，在一个讨论城邦的诸神、法典和习俗会是非常严重的罪行的时代，这个词与我们今天理解的自由有何相似之处？像"祖国"这样的词，如果对于雅典人或者斯巴达人来讲的话，基本上所指的便是对雅典或者斯巴达城邦的崇拜，除此之外不会有别的含义。它不可能指由征伐不断的敌对城邦组成的全希腊。在古代的高卢，"祖国"这个词具有什么样的含义呢？它是由相互敌视的部落和种族组成的，它们有自己的宗教和语言，恺撒之所以能够轻易地征服它们，主要就是因为他能够从这个部落和种族中找到自己的盟友。罗马人缔造了一个高卢人的国家，使得这个国家在政治和宗教上达到了统一。不说悠远的历史，我们来说说两百年前的事，今天的法国各省对"祖国"一词的理解，与大孔代与外国人结盟反对自己的君主，是一样的意思吗？虽然词语本身是同一个词语。在过去，有跑到外国去的一些法国保皇党人，他们认为法国已经变节，自己反对法国事实上是在恪守气节。他们认为，封建制度的法律并没有将诸侯与土地很好地联系在一起，而是把诸侯同主子联系在了一起，也就是只有君主在，才有祖国的存在。由此可见，祖国对于他们所具有的意义，是与现代人对于祖国的认知有很大差别的。

有许多词语的意义会随着时代的变迁而逐渐发生深刻的变化。我们对这些词语的理解，所能达到的最高水平也就和过去经过漫长努力之后达到的水平一样。有人曾说过，如果想要正确地理解"国王"和"王室"这两种称呼对我们的曾祖父一辈人真正的意义所在，其实是需要做大量的研究才能实现的。这种说法其实非常正确，那么对于一些更为复杂的概念可能会出现的复杂情况也就不难猜测了。

由此可见，词语只有特定的暂时含义，它的含义是会随着时代和民族的不同而有所不同的。如此说来，如果我们想要借助词语的手段来达到影响群体的目的，我们首先要搞明白的是，当时的群体会赋予这些词语什么含义，或者精神状态彼此不同的人会赋予这些词语什么含义，而那些词语过去所具有的含义是无法起到很好的帮助作用的。

因此，如果群体中发生过政治动荡或者信仰的变化时，他们会对一些词语唤起的形象产生厌恶的情感。这个时候，对于一个真正的政治家就是一种考验，他们的当务之急一定是尽快变换说法，但前提是不能伤害事物本身，因为事物是和传统结构紧密联系在一起而无法改变的。托克维尔是一个很聪明的人，他在很久以前便说过，执政府和帝国所做的具体工作可以概括为，使用新的名称将过去存在的制度进行新的包装，简言之，就是使用新名称代替一些能够让群众想起厌恶或者不利形象的名称，新名称所具有的新鲜感可以防止群众产生这种不好的联想。我们来举一些简单的例子，比如将"地租"变成"土地税"，将"盐赋"更改为"盐税"，将"徭役"改称为"间接摊派"，商号以及行会所缴纳的税款变成了所谓的执照费用等。

由此可见，政治家们有一项最基本的任务，那便是对于流行用语，民众已经无法容忍其旧名称的事物，要保持一定的警觉性。名称的威力很强大，如果能做到选择得当，它足以将一些最为可恶的事情改头换面，使其变成一种能被民众接受的事物。泰纳曾说过，雅各宾党人当时利用了"自由"和"博爱"这种流行说法，才得以建立起"能够和达荷美相媲美的暴政，和宗教法庭相同功能的审判台，以及和古墨西哥类似的人类大屠杀"。统治者的艺术，在很大程度上是和律师相像的，他们都需要拥有驾驭辞藻的能力。掌握这门艺术还有一个最大的困难，那就是在同一个社会，同样的词语对于不同的社会阶层一般会有完全不同的含义，表面上来看，他们用的是相同的词语，但实际上他们想表达的语言和意义是不同的。

在以上我们所说的所有事例中，促成词语含义发生变化的主要因素便是时间的存在。如果我们将种族因素也考虑进去的话就会发现，在同一个时期，有些人有相同的教养，但却不属于同一个种族。在这些人之中，相同的词语也经常会出现很不相同的观念。如果不是见多识广，是很难理解这其中的差别的，当然我也不会将过多的文字纠缠在这个问题上。我需要指出的唯一一点就是，越是那些在民众中使用最多的词语，往往也就在不同的民族中有着最为不同的含义。例如"民主"和"社会主义"这样的词语，在今天是被频繁使用的，它们在不同国家民族之中就会有不同的含义。

事实上，它们在拉丁民族和盎格鲁－撒克逊民族中，就代表着完全对立的思想。在拉丁民族看来，"民主"主要是指个人的意志和自主权要服从于国家。国家在支配着他们的一切，极权、垄断并且制造这一切。民族里边包括激进派、社会主义者以及保皇派，但无一例外，他们都会服从于国家，求助于国家。而在盎格鲁－撒克逊地区，尤其是美国，"民主"一词所具有的含义主要是指个人意志的发展，与拉丁民族群众服从国家不同的是，国家要尽量服从群众个人意志发展的要求，国家所具有的职能权力，除了政策、军队和外交关系外，它不能支配其他的事情，甚至公共教育也不能支配干涉。由此我们发现，同样是"民主"这个词，在拉丁民族就是指个人意志和自主权要从属于国家，国家具有一定的优势；在其他民族中，其所具有的意义却是个人意志可以超常发展，而国家要对此服从。

二 幻觉

自从文明出现以来，群体就一直生活在幻觉的影响之下。他们会为制造出的幻觉人物建立庙宇并供奉塑像，甚至还要设立祭坛来祭拜他们。过去我们有宗教幻觉的存在，现在我们有新社会的哲学和社会幻觉，这些都是至高无上的力量存在，牢不可破。在我们这个世界不断发展的各种文明中，基本上都可以看到这些幻觉存在的影子。古代的巴比伦和埃及有自己的神庙，中世纪有许多宗教建筑也是为他们建造的；一个世纪以前，欧洲曾出现过一次非常具有震撼力的大动荡，就是为幻觉而发起的；甚至有许多政治家、社会活动家和艺术学家，基本上找不到未受它们强大影响的人。有时，为了消除这些幻觉的影响，人类会以可怕的动乱为代价，才能达到些许效果，结局却是，这些已经消除的幻觉还是会在某个时刻死而复生。没有了幻觉，人类不可能走出自己原始的那种野蛮状态；没有了幻觉，人类可能很快又会回到原始的野蛮状态。毫无疑问，这些幻觉实际上就是一些毫无用处的幻影，虽然只是幻影，却成了我们梦想中的产物，帮助各民族创造出了值得夸耀的辉煌壮丽的伟大艺术和发明。

如果说有人将那些博物馆以及图书馆毁掉，有人将教堂里建起的宗教作品和艺术纪念品统统销毁，那么，人类那些伟大的梦想还能留下些什么从而继续存在呢？如果不让人们继续怀有这些希望和幻想，他们应该是无法活下去的。这也就是会有神仙、英雄和诗人这些人物存在的原因。可以说，科学承担起这个任务已经有差不多五十年的时间了，但人们的心灵是渴望理想的存在的，因此科学便注定是有所欠缺的，因为科学无法做出过于慷慨的承诺，没法撒谎。

18世纪，许多哲学家将热情投入了破坏宗教、政治和社会幻觉的活动中，事实上，这些幻觉已经支撑我们的祖辈生活了许多个世纪。他们将这些幻觉破坏毁灭，就使得希望和顺从的源泉随之枯竭。当这些幻想遭到哲学家的扼杀之后，人们面对的是盲目而毫无声息的自然力量，它对软弱和慈悲心肠一概无动于衷。

哲学虽然在发展中取得了很大的进步，但它迄今仍然未能给群众提供任何让他们着迷的东西。但是，无论付出什么样的代价，群众是需要拥有他们自己的幻想的，于是，就如同那些趋光的昆虫一般，群众就会出于本能，转而迎向那些符合他们需要的能言善辩者。推动各民族演化发展的主要因素，永远都不是那些真理，而是谬误。现如今，社会主义是如此强大，其本质原因就是，它依然具有活力，是群众最后的幻想。即使是在这一系列科学证据面前，它依然得到了发展。这种社会得以发展的原因，其实就是有那些鼓吹者，他们可以做到无视现实的存在，依然敢于向人类承诺所谓的幸福会实现。如今，在过去众多的废墟之上，未来是属于它的。面对那些不合口味的证据，真理从来不是群众最渴望的存在，他们更加愿意崇拜那些对他们充满诱惑力的谬论，这些谬论可以向他们提供所需的幻觉，自然也就很容易成为他们的主人。凡是那些可以让这些幻觉破灭的存在，最终都会成为他们的牺牲品。

三 经验

经验是具有很大的作用的，它几乎是唯一能够让真理在群众中牢固生根的有效手段，它还是让那些过于危险的幻想最终破灭的有力手段。但是为了达到以上的目的，经验必须是在很大的一个范围都会发生的，而且需要一而再再而三地出现。通常情况下，一代人积累起来的经验往往对下一代人所起的用处很少。这就导致，如果将一些历史事实当作证据来引用的话，是很难达到预期目的的。它们最大的作用也就是证明了，即使是一些广泛的经验，要想成功地动摇已经牢固根植于群众头脑中的错误观点，也同样需要一代又一代反复地出现。

19世纪以及再早一些的年代，在史学家眼里，是一个充斥着奇异经验的时代，可以说任何时代都没有这个时代所做过的试验多。

法国大革命便是其中最宏伟的一次试验。当统治者发现，一个社会有待于遵照纯粹的理性指导，需要从上到下重新翻新一下的话，这就必然会导致一个悲惨的结局，注定会有数百万人死于非命，这就使得欧洲在 20 年里陷入了深刻的动荡。如果想用经验向人们证明，独裁者会让拥戴他们的民族损失惨重，那么最需要做的便是在 50 年里，制造两次破坏性的试验。但是，即使试验结果准确无误，也很难让民众做到完全信服。第一次试验以 300 万人的性命和一次入侵为代价，第二次试验直接导致割让土地，并在事后表明常备军存在的必要性。此后似乎还需要第三次试验的实施，恐怕未来的某一天它便会真实发生。30 年前，民众普遍认为庞大的德国军队只是一支无害的国民卫队，要想让人们改变这种认识，最好的方法便是发生一次让我们损失惨重的战争。相同的例子还有，要想让人们认识到贸易保护会毁掉实行这种制度的民族，至少需要长达 20 年的灾难性试验。

四 理性

如果需要列举能够对群众心理产生影响的因素，其实是没有必要提到理性的，但它的影响却是具有一定消极价值的。

我们已经论证过，群体基本上是不会受到推理的影响的，他们能够做的只是理解那些拼凑起来的观念。因此，那些成功的演说家知道如何影响他们，演说家的手段是借助他们的感情而不是理性。逻辑定律对他们是没有任何作用的。我们要想让群体相信什么，这之前，我们必须搞清楚什么感情能够让他们兴奋，然后需要装出自己也有这种感情的样子。这个时候，就可以借助一种初级的联想方式，使用一些著名的暗示性形象，用来改变他们的看法。再者，我们还可以回到最初提出的观点上来，逐渐地探明引起某种说法的感情。这样的演说，需要根据讲话的效果不同逐渐改变演说家的措辞，因此，最为有效的演讲是无法完全事先做好所有准备和研究的。如果是事先准备好的演讲，那么演讲者只能做到遵循自己设定好的思路，而无法随着听众的思路继续，这就使得这样的演讲无法产生所需要的深刻影响。

那些喜欢讲究逻辑的头脑，他们相信的是一系列大体严密的论证步骤，这些人如果向群众讲话，就无可避免地会借助一些说服的方法，而结局往往是自己的论证并没有起到应有的作用，这也就是他们最百思不得其解的事情。有一位逻辑学家曾经写道："通常情况下，那些建立在一致性联系上的三段论式的数学结论是不可更改的，也就是因为有这种不可更改的性质，即使面对的是无机物，如果能够做到完全遵循这种一致性的联系，也会让人们不得不表示同意。"这样的说法非常正确，然而群体不同于无机物，他们不如无机物更能遵守这种组合，也可以认为他们没有理解这些的能力。只要尝试使用推理的逻辑来说服那些原始的头脑，也就是野蛮人或者儿童的头脑，就会很容易地发现，这样的论证方式在他们面前是毫无价值的。

可以同感情对抗的理性在这方面是苍白无力的，想要认清楚这一点，其实不必降低到原始的水平也可以。我们简单地想一想，几百年前，宗教迷信是多么顽强，而那些宗教与任何简单的逻辑都不相符。在将近两千年的时间里，那些最清醒的天才也只能在它们的规矩面前俯首称臣。只有到了现代，那些宗教的真实性才多多少少受到了一些挑战。在中世纪以及文艺复兴的时代，也出现过很多开明之士，但他们并没有一个人通过理性的思考，真正认识到迷信中那幼稚的一面，也没有对魔鬼的罪行或者烧死巫师的必要性表现出任何怀疑。

面对群体不受理性指引这个现状，我们是否应该有所遗憾呢？我们没有必要马上给出肯定的答案。我们知道，能够激励人类逐渐走上文明道路的，是那些幻觉引起的激情和愚顽，在这个过程中，人类的理性没有起到多大的作用。这些幻觉是支配我们的无意识力量的产物，它的存在是必要的。每个种族的精神成分携带着必要的命运定律，并且是一种难以抑制的冲动，即使这种冲动看似毫不合理，但我们也只能服从。有时候，我们会发现，各民族好像被一些神秘的力量左右着，它们的存在就如同可以使橡果长成橡树的力量，或者让彗星能够在自己的轨道上运行的力量一样。

我们要想认识这些力量，就必须研究一个民族全部的进化过程，仅仅看到那些在某些进化过程中孤立发生的事实是完全不够的。如果我们考虑的仅仅是这些孤立的事实，历史便自然地成为由一连串不可能发生的偶然性造成的结果。一个加利利的木匠[1]似乎没有任何可能成为一个全能的神，而且持续了两千年之久，还使得最重要的文明建立在他的基础上才得以形成；一小部分从沙漠里走出来的阿拉伯人，似乎也没有能力征服希腊罗马世界的大部分地区，甚至建立起的帝国比亚历山大的领土还要大；在欧洲，各地政权已经有了等级森严的制度，那个时代已经十分发达，却被区区一个炮兵中尉所征服。

由此看来，我们还是将理性这个问题让给哲人吧，不要再强烈坚持让理性插手人类的统治了。一切文明存在的主要动力向来不是理性。尽管理性是存在的，但文明的动力始终还是各种感情，这些感情包含尊严、自我牺牲、宗教信仰、爱国主义精神以及对荣誉的热爱。

---

[1] 这里指的是耶稣，耶稣的父亲是个木匠，居住在古代巴勒斯坦的加利利地区。

第三章
群体领袖及其说服方式

1.群体的领袖。群体动物都有服从领袖的本能／领袖的心理／只有领袖能够阻止群众，使他们有信仰／领袖的分类与专制。

2.领袖动员群体的手段。不同手段的作用不同／传染是从社会下层向上层传播的／民众意见成为普遍意见不会花费多长时间。

3.名望。什么是名望／名望的分类／个人的名望与先天的名望／不同的例子／破坏名望的方式。

我们现在对群体的精神构成有了了解，我们也了解了是什么力量会对群体的头脑产生影响。然而，我们仍然需要继续讨论研究的是，这种力量是怎样发挥作用的，以及将这种精神影响变为实践力量的到底是什么人。

一 群体的领袖

只要有生物聚集在一起，那么不管这些生物是人还是动物，它们总会有一个统领，并且让自己一直处于统领的统治下。

我们讨论人类的群体，即聚集在一起的都是人类，在这样的群体中，所谓的头领并不都是大人物，有时候只是个小头目，或者只是个鼓动人们、进行煽风点火的人，但是我们也不能小看这些人，因为他们依然起着至关重要的作用。群体意见的形成，并达成一致，这种情况的核心都是这些人的意志在主导。各色人等组成群体的第一要素就是这些头领，因为是这些头领为人们的组成铺平了道路。这个头领就像是头羊，其他人就像是羊羔，羊羔没有了头羊就会完全不知道做什么。

最初的领袖也不是突然就产生的，他们也曾是被领导的人，他本人也是被领导者的观念迷惑，久而久之就变成了信徒。他会十分着迷这些观念，以至于在他的眼中，再也看不到其他的事情。在他的眼中或者思想中，其他的反对意见全都是谬论，全都是迷信。这样的例子很多，典型的就是罗伯斯庇尔，当时他十分痴迷卢梭的政治理论，所以他才会采用宗教法庭的手段传播这些理论。

而我们现在所说的领袖，其实并不是思想家，而是一些实干家，他们没有聪敏的头脑，也不能深思远虑。恰好，想成为领袖，也不可能具有这种品质，因为这些会让他们变得犹疑不决。对于那些有精神问题的，处于疯狂边缘的人，变成这种人物反而更容易一些。不管这些人所追求的目标有多么荒谬，但是他们却有着坚定的信念，这就使得他们丧失了任何的理性思维，那些理性思维对他们再也没有一点儿影响。对别人的轻蔑和保留态度，他们会变得无动于衷，或者这些态度只会增加他们的兴奋。他们不再具有自我保护的本能，他们会牺牲自己的一切，牺牲自己的家庭和利益。他们追求的最终结果就是牺牲自己，成全信念。他们的信仰如此强烈，以至于他们的话语都具有了很强的说服力。对于普通的大众来说，他们更愿意听从信仰坚定的人的话，而且这些领袖深深地知道如何让人们听他的话。聚集在一起成为群体的人，他们会完全丧失自己的意志，他们的本能会让他们的意志转向领导者，一个具备他们所没有的品质的人。

各民族最不缺的就是领袖，但是，领袖受到的激励并不完全适合信仰他的信徒。这些领袖往往能言会道，他们自私自利，他们说服众人的方式都是通过取悦那拿不上台面的本能。领袖们通过这种方式产生的影响极大，但是效果却很短，只能维持一时。像隐士彼得[1]、萨伏那罗拉[2]、路德[3]这样的人，还有法国大革命中的一些人，他们都有着狂热的信仰，他们能够打动群众的灵魂，但这些人都是先被别人的一种信仰征服，自己陷入幻想后，又开始让别人也陷入幻想。只有通过这样，才能唤起他们的信徒的力量，那种力量将是坚不可摧的，也就是我们所说的信仰。这种力量能够使他的梦想完全驱使这个人。

不管这种信仰是社会的、政治的还是宗教的，也不管这种信

---

[1] 隐士彼得（Peter the Hermit, 1050—1115），法国的一位修士，曾经创建过修道院，并带领着信徒到耶路撒冷去讲道。

[2] 萨伏那罗拉（Cirolamo Savonarola, 1452—1498），文艺复兴时期意大利的一位著名传教士，他曾深深影响了意大利的宗教生活和意大利的政治。

[3] 路德（Martin Luther, 1483—1546），德国一位宗教改革家，是新教的创立者，影响了整个基督教世界。

仰的对象是什么形式，可能是一本书、一种观念，也可能是一个人，但是信仰能够成功建立，完全是领袖在起作用。也正是这种原因，领袖们的影响力才会无限放大。能够被人类支配的所有力量中，最为惊人的便是信仰的力量，正如福音书上所说的，信仰有着可以移山填海的力量，这是完全正确的。如果一个人具有了信仰，那么这个人无疑就强大了十倍。历史上有很多重大的事件，但是造成这些事件的，却都是一些无名的信徒，这些信徒除了自己的信仰外，剩下的几乎什么都不知道。那些伟大的宗教，它们能够传遍全球，从这个半球扩张到那个半球，所依靠的可不是哲学家或者学者，更不可能是怀疑论者。

但是，我们刚才提到的这些事情，我们的关注点都在那些最为伟大的领袖身上，这样的人毕竟是少数，如果让史学家们去清点一下，那么很容易就能清点清楚。这些领袖构成了一个连续体，并处于巅峰位置，在他们之下，是一些出力的人，而在他们之上，则是权势显赫的主人。我们经常可以看到，在最不起眼的小酒馆里，这些人不停地向身边的同志灌输一些思想，使这些人开始着迷。但是他们灌输的思想的含义，就连他们自己都很少能理解，但是只要按照他们的说法将其付诸行动，就一定能够实现所有的希望和梦想。

不管在哪个社会领域，从最低贱的人到最高贵的人，只要这个人不再是孤立的状态，那么某个领袖的影响就会立刻笼罩他。群体中的大多数人，除了他们自己所在的行业外，对其他的任何问题，他们都没有合理并且清楚的想法。领袖们的作用其实很简单，就是给这些人当领路人。不过，领袖们也会被出版的书籍取代，但是却没有很好的效果，这些书籍制造的舆论都是有利于领袖的，而且为这些领袖提供一套一套的言辞，这就省去了他们操心如何说理。

群众领袖的权威都是十分专制的，这种专制才能使群众服从他们。人们经常会看到，让工人阶级，甚至是他们中最狂暴的人听从他们的命令，这些领袖的权威却不需要任何强大的后盾。他们可以任意规定工资比例和工时，他们能够发出让工人阶级罢工的命令，什么时候开始，什么时候结束，全都是他们说了算。

现在，因为政府心甘情愿被人怀疑，这就使得政府的力量越来越小，这种状况使得领袖和鼓动家的倾向发生了改变，他们越来越想争夺政府的位置。由这些新的领袖带来的暴政，所产生的结果是，相比服从政府，群众更温顺地服从新的领袖。但是，如果因为某个原因，使得领袖从人们的视线中消失了，那么群众就又会回到当初的状态，变得群龙无首，变得不堪一击。在上次，巴黎公共马车雇员发动了罢工，但是当两个领袖被抓起来的时候，罢工便立刻结束了。占据群体灵魂上风的，并不是他们对自由的渴望，而是他们自己甘愿成为奴才的欲望。他们是如此愿意服从，所以不管是谁出现了，只要声称是他们的主人，他们的本能就会让自己臣服于这个人。

我们可以很明显地将这些首领和鼓动家分为两类。一类充满了活力，但他们坚强的意志只是一时的。和这些人相比，第二类人则更不常见，主要是他们的意志力更加持久。第一类人只是逞一时之勇，在他的领袖决定暴动的时候，他们会带领着其他的群众，冒死犯难。他们派上用处的场合经常是让新兵一夜之间就成为英雄。第一帝国时代就有这样的人，像内伊和缪拉[1]。在我们这个时代也有这样的人，像加里波第，他虽然没有什么特长，却是个冒险家，而且精力十分充沛。当时在他的身后有一支军队保护，这支军队纪律严明，但是他凭借自己，只带领着一小队人，就拿下了那不勒斯这个古老的王国。

但是，这种领袖的活力却是一种力量，值得考虑，可是这种力量却很难持久，没有办法让它持续地发挥作用。就像我刚才说的那样，当这些英雄回到日常生活中时，他们的性格弱点往往就会暴露出来，而且十分惊人。他们确实能够领导别人，但是在最简单的环境下，他们好像不会思考，不会支配自己的行为。作为领袖，

---

[1] 内伊（Michel Ney）和缪拉（Joachim Murat）都是拿破仑手下最为杰出的将领。

他们是这样的，在一些特定的条件下，他们自己也受别人的领导，他们的思想也受到别人的刺激，他们也在接受着某个人或者某种观念的指引，只有划定了明确的行动路线，让他们按照路线行动，否则，他们是发挥不出自己的力量的。而第二类意志力持久的领袖，虽然不像第一类人那么光彩耀人，但是他们所造成的影响却要大得多。在这些人中，不乏各种宗教的奠基人，比如圣保罗、哥伦布，还有德·雷赛布。我们不管他们是不是聪明，是不是心胸狭隘，但是，世界却是他们的！他们具备的意志力十分持久，而且是非常罕见而又强大的品质，这种品质足够征服所有的一切。这种意志力能够成就什么，并没有充分的评价。世界上，没有任何事情能够阻挡这种意志力，人、自然，抑或上帝，都做不到。

那么这种意志力到底能够造成什么样的结果呢？德·雷赛布就为我们提供了这样一个例子。他是一个伟大的人，曾经把世界分为东西两半。他所成就的事业，在过去三千年间也有人尝试过，那些最伟大的统治者就做过，只是徒劳的，没有成功。但是德·雷赛布却也在一项类似的事业中失败了，这是因为他的意志力，随着他的年龄变老，已经衰退了。

单凭意志力能够完成什么事业，如果我们想要对这件事详细说明，其实只需要仔细想想与苏伊士运河的开凿相关的历史记载，想想苏伊士运河开凿所需要克服的困难。一位见证人的几句话让

人印象深刻,但却记录下了这项伟大的工程。整个故事是这样的:

> 一天又一天,无论他遭遇什么事情,他都在讲述关于苏伊士运河的故事,让人震惊。他讲述了他战胜的一切事情,他又是怎样将不可能的事情变成可能的,讲述他曾经遇到过的所有反对意见,有人联合起来同他作对,他所经历的挫折、失败、失望,但是所有这些,都没能让他放弃,没有让他灰心丧气。他追忆,当时英国是怎样打击他的,而法国和埃及又是怎样迟疑着,不肯做决定,甚至在工程的初期,法国领事馆竟然首先站出来反对他,还有其他反对的性质,有的人用拒绝供应饮水来反对他,使得他的工人口渴,因此而不断逃跑。他还说过,那些有经验、有责任心、有过科学训练的海军部长或者工程师,全都成为他的敌人。他们站在科学的角度,断定眼前就暗藏着灾难,而且灾难在逼近,甚至说出将会在哪个具体的时间发生,某日某时,非常精确,就像预测日食那样。

有些书,涉及伟大领袖的生平,但是却没有太多的人名。可是这些名字,与文明史上的重大事件,是能够联系在一起的。

二 领袖动员群体的手段

如果想激发群体的热情，并且是在很短的时间里，让他们执行任何性质的行动。比如宁可死也要守卫要塞和阵地，或者去掠夺宫殿，那么对群体做出的暗示，就必须让他们能够迅速做出反应；要采取效果最大的方式，那便是给他们树立一个榜样。但是想要实现这个目的，群体事先就应该做一些准备，特别是环境上的准备，尤其是能够影响他们的人，这个人应该具备这种品质。这种品质我们需要留待后面深入研究，我们称这种品质为名望。

但是，当领袖们想要用信念和观念去影响群体的头脑，比如各种现代的社会学说，他们需要借助不同的手段。在这些手段中，有三种十分明确而且重要的手段，就是断言法、重复法和传染法。这三种方法产生作用的时间有些缓慢，可是一旦这种手段有了效果，那便是持久的效果。

让某种观念进入群众的头脑，最可靠最有效的办法，就是做出断言，并且简洁有力，不用理睬任何的证据和推理。这个断言越是简单、明了，那么想反对的证据和证明就会越发贫乏，因此这个断言的威力也就越大。我们可以看到，任何时代的宗教书籍或者法典，它们所诉诸的断言都是简单的。那些政客，通过号召人们去捍卫某项政治事业，或者那些商人在推销商品时，总是采用广告的手段。这些人,全都深深地知道简单明了的断言的价值。

但是,如果让断言产生真正的影响,那就必须保持措辞不变,不断地重复断言。对此,我相信拿破仑肯定说过,重复,是极为重要的修辞法。某件事情得到了断言,想要在头脑中生根,就需要通过不断重复。通过这种方式,才能够让群众把它当作已经证实的真理,从而接受。

想要理解重复对群体的影响,只需要看看重复所发挥的力量,尤其是对最开明的头脑。这种力量可以从这样一个事实出发加以阐述,就是从长远的角度看,不断重复的说法,会进入自我的深层区域,这个深层区域是无意识的,同时,在这里形成的,也是我们行动的动机。随着时间的推移,到了某个时候,我们甚至会忘了这个主张的作者是谁,我们只是记得这个主张,而且深信不疑。广告的威力令人吃惊,就是这个原因。举个例子,X牌巧克力是最好吃、最棒的巧克力,我们不断地读到这句话,成百上千次地读到,那么我们就会认为,这件事确实就是这样的。Y牌药粉能够治好身患绝症的知名人士,我们不断地读到这句话,有朝一日,当我们患上了这种病的时候,我们也会去试用一下。如果我们从同一家报纸上,总是看到说张三是个流氓,李四是个老实人,那么我们就会这样认为,我们会一直这样认为,除非我们去看一些相反的观点,详细地陈述他们的品质,并且是完全相反的品质。

将重复和断言分开使用，它们各自的力量都十分强大，绝对能够互相搏斗一番。

如果有效地重复一个断言，并且在这个过程中没有任何异议，这个时候形成的意见就成了所谓的流行意见，就像某些著名的金融项目，那些富豪能够收买所有的参与者，在这个过程中，强大的传染就开始了。各种观念、情绪、信念，在群众中都具有强大的传染力，就像微生物一样。这种现象是十分自然的，因为在成为群体的动物中间，这种传染现象也可以看到。如果有一匹马在马厩里啃咬食槽，那么其他的马也会效仿；在羊群中，如果有几只羊感到了恐慌，那么这种恐慌很快就会传染到整个羊群。在由人组成的群体中间，所有的情绪也都会传染和蔓延，恐慌的突发性就可以由此解释。混乱的头脑就像这种疯狂情绪一样，也是非常容易传染的。广为人知的事情中就有这样的例子，那些从事精神病的医生中间，经常会有人自己也变成疯子。当然，最近有这样一些疯病，是能够由人传染给动物的，比如广场恐惧症。让每个人在同一时间，处于同一地点，这并不是他们会受到传染的必要条件。有些事件能让群体产生特有的性格和独特的倾向，在这种事件的影响下，即使处于远方的人，也会被传染。如果人们在心理上已经有了准备，受到了一些间接因素的影响，这种情况就会加剧。举一个这方面的例子，那是1848年的革命运动，爆发在巴黎，但是大半个欧洲都被迅速传染了，这就使得很多王权摇摇欲坠。

归结原因,很多影响是因为模仿,但是细想,这都是传染造成的结果。在我的另一本著作中,对传染的影响,我已经做过说明,所以,在这里我只摘抄一段话,这是15年前我就这一问题曾经说过的话。一些其他的作者,已经对下面所引述的观点,在最近的出版物中做过进一步的阐述:

> 就像动物一样,人有着模仿的天性。因为模仿是一件十分容易简单的事,所以模仿就成为人类的必然。正因为这是必然的,所以,那些所谓时尚的力量才会这么强大。不管是观念、意见,还是文学作品,甚至只是一件服装,能够与时尚作对的人能有几个?有几个人会有这种勇气?是榜样在支配着大众,而不是论证。每个时期都有少数这样的人,他们同其他人作对,并且会被群众模仿,但是这些人,在反对公认的观念时,也没有过于光明正大、明目张胆。如果他们过于明目张胆,那么群众对他们的模仿就会更加困难,他们也就没有了什么影响力。就是因为这个,那些超越自己时代太多的人,基本不会对它产生影响。这是因为在他们两者之间,界限过于分明。同样因为这个原因,尽管欧洲人的文明有很多优点,

他们对东方民族的影响却微乎其微，这两种文明之间的差别实在是太大了。

从长远的角度看，历史与模仿两方面的作用，同一个时代、同一个国家的所有人，都十分相似，就连哲学家、博学之士这种坚决不受影响的个人，其实也受到了影响，因为他们的思想和风格所散发的气息，其实也是相似的。想要全面了解一个人，比如他会读什么样的书，他生活的环境是什么样的，他在什么时候会有什么样的消遣，对于这些，我们完全没有必要和他长时间交谈。

传染有很大的威力，它会让人接受某些意见，同时还会让人接受某些情感模式。在某个时期，某些著作受到蔑视，就是传染这个原因，比如上演于1845年的歌剧《唐豪塞》，过了几年之后，同样因为传染，那些曾经批评的人，反转了角度，开始对它赞赏不已。

因为传染，群体的意见和信念会得到普及，这种普及，绝不是因为推理和论证。目前，在工人阶级中流行的学说，都是他们在公共场所学到的，这种成果就是断言、重复和传染造成的。当然，创立群众信仰的方式，在每个时代几乎都是一样的。勒南[1]就曾经

---

[1] 勒南（Ernest Renan，1823—1892），19世纪法国思想家，深入研究过宗教、哲学和史学，他用了一生的时间从人文主义的立场去缓和宗教与科学之间的冲突。

做过这样的比喻,他将最早创立基督教的人比作"他是社会主义工人,他从一个公共场合到另一个公共场合,去传播观念";在谈到基督教的时候,伏尔泰也曾注意到,"在一百多年的时间里,只有一些最恶劣的败类接受了它"。

应该指出,传染在广大民众中发挥作用之后,也会在社会上层发挥作用,这和我前面说到的情况相似。在今天,我们会看到,社会主义的信条,其实也出现了这种现象,它正在被一些人接受,而且这批人将是它的首批牺牲的人。可以看到,传染具有如此大的威力,在传染的作用下,甚至是个人利益的意识,也同样会消失。

通过这些,我们可以对一个事实做出解释:每一种观念在被民众接受后,因为它所具有的强大力量,最终也会作用于社会上层,不管获胜的意见有多么明显荒诞。社会下层会作用于社会上层,这种现象是更为奇特的,因为群众的观念多少都会起源于一种更高深的观念,而在观念的诞生地,这种观念却没什么影响。这种高深的观念会征服那些领袖和鼓动家,而在这之后,领袖和鼓动家就会让它为己所用。通过对它进行歪曲,并且组织起一些宗派,使它再次被歪曲,在这之后,让它在群众中间传播,而群众会让这种歪曲和篡改更加厉害。在一种观念变成了群众的真理后,这种观念就会回到它们的诞生地,对社会上层产生影响。从长远的角度来看,塑造着世界命运的是智力,但这却是十分间接的作用。

通过我所描述的这个过程，哲学家的思想获得成功的时候，那些最早提出这种观念的哲学家，早已经死去多时，化作了尘土。

三 名望

利用断言、重复和传染而进行普及的观念，借助环境得到了最大的威力，然后它们具有了一种神奇的力量，那就是我们经常说的名望。

世界上有许多统治力量，无论这种力量代表的是观念还是人，要使其权力得到加强，就需要利用一种难以抗拒的力量，这样的力量我们称之为"名望"。也许每个人都对这个词的含义有一定的了解，但是它的用法却有很多种，互不相同，因此它的定义是很难准确给出的。名望涉及许多感情，有时候是赞赏，也有时候会是畏惧。这些情感可以说是名望存在的基础，但即使没有了这种基础，名望还可以得以存在。死人具有的名望往往是最大的，比如那些我们不再惧怕的人，亚历山大、恺撒、穆罕默德或者佛祖。除此之外，还有一些并未得到我们赞赏的虚构的存在，也具有很大的名望，比如印度神庙下有许多可怕的神灵，他们的名望给我们带来的是害怕的感情。

在现实生活中，名望会对我们的头脑产生一种支配力，这种支配力主要通过某个人、某本著作或者某种观念传递出来。这种支配力具有麻痹我们的批判能力的力量，会使得我们的心中充满了惊奇甚至敬畏。这种感觉是很难理解的，就如同其他所有的感情一样，它就好像魅力人物所引起的幻觉一样影响着群众。名望是非常重要的，可以说它是一切权力的主因，不管是神仙、国王或者美女，没有了名望的存在，就没有了任何的力量存在。

名望有很多种，形形色色，但概括起来大概可以分为两大类：先天的名望和个人的名望。先天的名望主要来自它们的称号、名誉和财富，这种先天的名望是独立于个人的名望的。相反，个人的名望基本上是由一个人所特有的，它可以同这个人的荣耀、名誉或者财富共存，也可以通过这些得到加强，但是如果没有了这些存在，它依然可以独立存在。

相对于先天的名望，后天获得的名望和人为的名望是更加常见的。一个人即使本身没有什么价值，依然可以享有一定的名望，这种名望主要来自这个人所占据的某种位置、拥有的某种财富或者某个头衔。一身戎装的士兵、身穿法袍的法官，都是令人肃然起敬的形象存在。帕斯卡尔指出，法官必不可少的行头便属法袍和假发了。如果没有了这些存在，他们的权威就会有很大的损失。即使是那些狂放不羁的社会主义者，也会对王公爵爷的形象有所触动。拥有了这种头衔，会使得剥夺生意变得更加轻而易举。

上面我们所说的名望，是通过人体现出来的，和这些名望相近的一些名望，还可以通过某种意见、文学或者艺术作品体现出来。后者的名望一般都是在长年的积累重复中获得的。历史，尤其是文学和艺术历史，都是在不断重复着一些判断。没有人打算证实这些判断的存在，每个人都在重复着他在学校里学到的东西，直到再也没有人敢对其说三道四。如果让一个现代读者去研读荷马，必定是一件令人生厌的事情，然而却没有人敢于这么说。帕特农神庙现在依然存在，事实上剩下的只不过是一堆没有意义的破败废墟，但它拥有的巨大的名望使它看起来不仅仅是破败废墟，而是与所有的历史记忆紧紧联系在一起的。由此我们发现，名望有一个特点，那就是可以阻止我们看到事物本来的面目，麻木我们的判断力。群众就如同单个个人一样，他们需要对一切的事情有现成的意见。而这些意见是否具有普遍性，是和他们的对错没有任何关系的，仅仅与他们的名望有关。

现在我们来聊一下个人的名望。这种名望所具有的性质与我们前面说过的那些人为或者先天的名望是不同的。这种名望与头衔和权力无关，因此只有少数人会具备这种名望。这些人没有所谓的统治手段，面对的也是与他们有着平等社会地位的人，但他们似乎就有一种能力，可以对自己周围的人施展神奇的幻术。这种幻术很神奇，它可以让周围的人接受他们的思想与情感，众人会对其完全服从，就如同那些食人动物却会服从驯兽师一样。

伟大的群众领袖，比如佛祖、耶稣、穆罕默德、圣女贞德，甚至拿破仑，都享有这种极高的名望，他们能够取得他们在世人心中的地位，也是离不开这些名望的。各路神仙、各方英雄豪杰以及各种教义的存在，它们可以在这个世界上大行其道，都是因为它们都具有一种深入人心的力量。当然，我们无法对这些人和教义进行深入探讨，因为一旦开始探究，它们就会烟消云散。

上边提到的这些人，其实在真正成名之前，就已经具有了一种神奇的力量，如果没有这种力量的存在，他们也很难成名。举个例子，拿破仑在没有达到荣耀的巅峰之时，是享有巨大的名望的，那是和他拥有的权力分不开的，但在他没有这些权力，仍然籍籍无名的时候，他就已经具备了这种名望的一部分。当他还是一名不见经传的将军时，那些有权有势者需要保护自己，他便被派去指挥意大利的军队。那个时候，他发现其他的将军都很愤怒，想要给他这个年轻的外来户一些颜色。在一开始的会面中，他没有借助语言、姿态或者威胁的力量，仅仅是他这个人站在那里，人们就不知不觉地被他征服了。泰纳有一段当时的回忆录，可以对这场会面做一次非常引人入胜的说明：

> 奥热罗是众多师部将军当中的一个，他是一个一身蛮

勇的赳赳武夫，他一直因为自己的高大身材以及彪悍身躯感到扬扬自得。他来到军营，对那个巴黎派来的暴发户抱有一肚子的怨气。虽然他们事先得到了有关这个人如何强大的一些描述，但他对此毫不在意：他是巴拉斯的宠儿，身上的将军头衔是在旺代事件中得到的，他相貌不佳，在学校里拥有的也仅仅是街头斗殴的成绩，却有着数学家和梦想家的美名。但当他佩带着自己的剑出现在人们面前的时候，他说明了自己所采取的措施，下达了自己的命令，便让众将军离开了。这段时间，奥热罗一直保持着沉默不语，直到出门后他才重新找到自己平时那种骂骂咧咧的自信。虽然他搞不懂为什么自己会被那种气势压倒，但很明显，这个小个子的魔鬼将军能够让他产生敬畏的情感，马塞纳的看法无疑是对的。

成为大人物之后，拿破仑的名望和他的荣耀得到了同步增长，在他的追随者眼里，他的名望就与神灵一样值得捍卫。当时有一位旺达姆将军，是大革命时代的典型军人，是一个比奥热罗更粗野的粗汉。1815年，在他与阿纳诺元帅一起登上杜伊勒里宫的楼梯时，曾提到拿破仑，他当时是这样评价的："他是一个魔鬼般的存在，会对我们施用幻术，其实我也不懂那些幻术为何如此厉害，我是一个既不怕神也不怕鬼的人，但是看到他后就如同一个小孩子一般，会不停打战。他的力量强大到可以让我钻进针眼，甚至投身火海。"

对于和拿破仑接触过的所有人来说，他都有能力对人们产生这种神奇的影响。达武在谈到莫雷和他自己的奉献精神时说："如果那个时候皇帝对我们说，'要毁掉巴黎，不能让任何一个人活着甚至跑掉，这会对我采取的政策有着至关重要的意义'，这个时候，我相信莫雷一定会做到为皇帝保密的，但他还是做不到不让自己的家人离开巴黎，留下来等死。而我则不同，我会因为担心泄密而将自己的妻儿留在家里。"

这种命令似乎拥有可以让人们神魂颠倒的神奇力量，只有记住了这一点，才能理解拿破仑从厄尔巴岛返回法国时的壮举——他所面对的是一个全副武装的大国，这里的人们对于他的暴政早已感到厌倦，而他这时候只是孤身一人，如此大的力量悬殊，他却以闪电般的速度征服了整个法国。那些打算誓死完成自己使命的将军，在看到他的那一刻，就毫无理由地屈服了。

英国的将军吴士礼写道："拿破仑来自厄尔巴小岛，是一名逃犯，他在法国登陆时几乎孤身一人，兵不血刃，仅仅用了几周的时间，一个在合法国王统治下的法国权力组织，就这样被拿破仑轻易地推翻了。这种证明自己权势的方式，简单粗暴到惊人的程度。这是他的最后一场战役,从头到尾,他都是以一种完全压倒性的气势出现的,使得他们只能让他牵着鼻子走。"

拿破仑的寿命有限,但他的名望要远远长于他的寿命,并且随着时间的推移有增无减。他的一个籍籍无名的侄子最终当上了皇帝,这也得益于他的名望。直到今天,那些有关他的传奇故事仍然出现在人们的面前,这就说明民众对他有多么怀念。只要你的名望足够大并且有付诸实施的能力,即使是随心所欲地迫害人,为了征战不惜让无数人死于非命,人们也不会对这种做法表示出任何异议。

上面我所谈到的这些名望的存在,都是以一些极其不寻常的例子出现的。如果想真正了解那些伟大的宗教学说以及伟大帝国是如何起源的,了解这些事例是有很大的作用的。如果没有这些名望的存在,就没法对民众产生如此大的影响,也就不可能有如此不可思议的发展。

但是,我们必须清楚的一点是,名望并不完全把个人的权势、军功或者对宗教的敬畏作为存在的基础。名望有时是可以有比较平庸的来源的,但其所具有的能量也是很强大的。我们可以在这个世纪找到许多例子来说明这一点,其中有一个将大陆一分为二的人,他的出现改变了地球的面貌以及通商的关系。这位著名人物有着强大的意志,可以让自己周围的人对自己着迷,有了这些基础，他最终完成了自己的壮举。在这个过程中，面对那些反对自己的力量，他所做的就只有让自己的表现说话，仅仅是一些看似简洁的话语，却足以起到化敌为友的作用。在所有反对他的人里边，尤其以英国人最为卖力。但是当他出现在英国的时候，却做到了一件神奇的事情，那就是将所有的选票都争取到了自己这边；在他晚年路过南安普顿的时候，教堂钟声一直为他鸣不停；还有人想要在英国为他树立塑像。

不管是人和事，还是沼泽、岩石和沙地，在征服了这一切之后，他相信再也没有什么事情可以难倒他。但当他想要在巴拿马再挖一条苏伊士运河时，已经到了年迈的时刻。即使他依然具有移山填海的信念，但那山真的过于高大，是没有办法移动的。再后来，山选择了抵抗人的意志，发生了重大的灾难，这位英雄的光环和名望也随着灾难消失了。他传奇的一生，向人们演绎了名望是如何出现的，也向人们展示了名望是可以消失的。失去了自己当年的名望，虽然他的成就可以和任何伟大的英雄相媲美，但却没有得到应有的结局。在生命的最后阶段，他被自己家乡的官僚打入了下贱的罪犯之列，没有人留意他的去世，灵柩经过时也只有一群无动于衷的民众。最终只剩下外国政府，他们像对待历史上其他伟人一样，仍然对他怀有敬意，表示怀念。

上面我们提到的这个例子依然有些极端。要想更加细致地去认识名望的心理学，这种极端事例的存在是必要的。这些事例的一端是宗教和帝国的创立者，另一端却是通过一件新衣服或者一顶新帽子向邻居炫耀的人。

在这些事例的两端，科学、艺术和文学都是文明中存在的不同因素，它们所导致的名望虽然形式不一，但却都有自己的一席之地，并且可以说明一个事实，那就是名望是可以说服群众的一个基本要素。享有一定名望的人和物或者一种观念，往往会受到民众自觉或者不自觉的模仿，仿佛会传染一样，使得整整一个时代的人都会有如此的情感。进一步说，这样的模仿，往往还是不自觉的模仿最多，也就很容易实现彻底性了。有些现代画家会去临摹某些原始人的单调色彩和僵硬姿态，但他们的临摹却没有任何生命力。除非出现一位杰出的大师，可以复活这种艺术形式，否则人们就只能看到他们幼稚低级的一面，即使他们自己相信自己的真诚。有些艺术家模仿另一位著名的艺术家，将紫罗兰色的暗影涂满了自己的画布，但他们在自然界中并无法看到如此多的紫罗兰。他们显然是受到了另一位画家的个性影响，这位画家虽然显得有些古怪，但却成功地得到了巨大的名望。在人类进步的文明中，这样的例子还有很多。

通过我们的论述可以得出，名望的产生实际上是和许多因素有关的，在这些众多的因素中，成功无疑是其中最为重要的一个因素。

每一种被民众承认的观念，都会因为成功的出现，而不再受到怀疑。成功可以说是通向名望的主要台阶，一旦失去了成功，那么名望很容易便会随之消失。有很多受到群众拥戴的英雄，在失败的同时，也就失去了原有的名望，甚至会受到侮辱。可想而知，名望越高，得到的反应也自然会越强烈。在这样的情形之下，那些末路英雄往往是最容易被群众视为同类的英雄，他们会为自己曾经向一个已然不复存在的权威点头哈腰这样的事情而进行报复。当年的罗伯斯庇尔，享有巨大的名望，他曾把自己的同伙和大量的人处死。当不支持他的选票出现的时候，他被剥夺了原有的权力，之前具有的巨大名望也随着权力的消失而消失，最终在群众的咒骂声中被送上了断头台，就如同当时被他处死的人一样。信徒们很容易在他们信服的神灵失去名望后，穷凶极恶地打碎他们的塑像。

没有成功陪伴的名望，是很容易在极短的时间里走向消失的。它也可以在探讨中受到磨蚀，这样时间会持续得更长一些，这也就说明探讨的力量是可靠的。当名望变成一种问题的存在时，名望便不再是名望。那些能够长时间保持名望的人或者神，为了能够让群众持续敬仰，他们对待探讨从来都不会宽容，必须保证与其保持一定的距离，这样才能将名望持续的时间延长。

第四章
群体信念和意见的变化范围

1. 牢固的信念。一些最普遍的信念是不容易改变的/这些信念是文明的主流/根除这些信念是非常困难的/在哲学上,虽然信念是荒谬的,但是它依然能够传播。

2. 群体意见的多变。如果群体的意见不是从普遍的信念中得来,那么它便会非常容易改变/近一百年,群体的观念和信仰呈现多样化/多样化之间的界限/什么事物会受到多样化的影响/混乱的报业对意见的多变产生了巨大影响。

一 牢固的信念

生物的心理特征和解剖学特征，它们之间有着非常密切的相似的地方。在解剖学特征中，我们会看到一些比较固定的因素，即不容易改变的，或者只有轻微改变的因素，它们改变的时间很长，甚至需要以地质年代这个单位来计算。除了这些牢固的不可变的特征外，也能发现一些非常容易改变的特征，比如采用园艺技术或者畜牧技术就能够轻松地改变，甚至有的时候，这些改变会将那些本来存在的基本特征变得模糊，让观察者都看不到。

同样的道理，在道德特征上，我们也能看到这两方面的现象。一个种族的心理特征，除了牢固的不可变的特征外，也存在极易改变的特征。因此，我们在对一个民族的意见和信仰进行研究的时候，经常会发现，在一个牢固的基础结构上，也存在着多变的意见，它们的多变性就好比岩石上的沙子。

所以，我们研究的群体的信念和意见，大体上可以分为两类，而且是截然不同的两类。一类是有持久、牢固而且重要的信仰，在数百年的时间里，它们都能够保持不变，也许整个文明都建立在它的基础之上。比如我们常讲的已经逝去的封建主义、新教，还有基督教；在现代，则存在着当代的民主和社会主义观念，还有民族主义原则。另一类则是也有着易变而且非常短暂的意见，这些意见可以说是每个时代的产物，是那些产生后又灭亡的学说产生的，这方面的例子也有很多，比如说能够影响文学艺术的一些理论，还有一些理论，它们产生了自然主义、神秘主义或者浪漫主义。通常，这些意见都是非常表面的，它们的多变性就像我们所了解的时尚一样。它们也像一池塘深水表面的涟漪，不断出现和消失。

非常伟大的、普遍的信仰，它们的数量是非常有限的。真正的文明的基础便由这些信仰构成，这些信仰的兴衰，是历史上每一个文明种族的大事件。

用短暂的意见去影响群众的头脑，是十分简单的事。相反，让一种信仰在群众头脑中扎根，长久地持续下去，却是一件非常不容易的事。但是当这种信念扎根、得到确认后，再想从群众的头脑中根除，也同样是一件非常不容易的事。想要对他们革新，除非使用暴力革命。甚至当信念已经完全不能再控制群众的头脑时，仍然需要用革命的手段。在这样的情况下，可以说革命只是在最后清理人们所不要的东西，这是因为存在习惯这种力量，让人们不想放弃那些不需要的东西。一场革命开始了，就意味着一种信念要灭亡了。

我们很容易辨认一种信念开始衰亡的时刻，那个时刻便是信念的价值开始受到质疑。所有的普遍的信念，都是虚构的，它能够生存的唯一条件，就是不要去审查它。

但是，就算这种信念将要灭亡了，在它基础上建立起来的制度，却依然有着强大的力量，它的消失是十分缓慢的。一直到最后，当信念完全消失后，根据它建立起的制度也会在很短的时间内灭亡。到现在为止，一个民族，想要转变信仰，但又不破坏它全部的文明，还没有哪个民族能够做到。这一转变过程会一直持续着，直到它接受了一种新的普遍信仰，而在这之前，它会持续地存在于无政府状态中。对于文明，普遍信念是不可或缺的，各种思想的倾向也由这种信念所决定。而且，想要激发信仰同时形成责任意识，也只有这种信念能够做到。

对于普遍信念的好处，各个民族都能深刻地意识到，这种信念一旦消失，那么它们就要衰败了。对罗马的狂热崇拜，便是这种信念，它使得罗马人去征服世界；当这种信念消失时，罗马也就被画上了句号。而那些毁灭者，只有他们有了共同的信念，并能够在一定程度上团结一致，跳出无政府状态，他们才能够实现这一点。

在捍卫自己的信念时，各个民族表现的态度都不宽容，这样的情况显然有其原因。这种不宽容的态度，恰恰是一个民族最需要的品质。在中世纪的时候，正是对普遍信仰的追求与坚持，才将诸多的发明创造者处死，就算是一时逃脱，也难免会绝望地死去。正是对这种信念的捍卫，世界上才有了那么著名而又可怕的大混乱，让成千上万人死于混乱中。

建立普遍道路的信念是困难的，但是一旦建立，便会长久持续下去，它将拥有巨大的力量而不被征服。从哲学上看，虽然它很荒诞，但是它依然在最清醒的头脑中站稳了脚跟。在1500年的漫长时间里，欧洲的各个民族一直认为，那些像莫洛克神一样野蛮的宗教神话是不容争议的。有个上帝，创造了很多动物，但是这些动物不听话，于是便对它们进行报复，给予它们可怕的酷刑。这种故事，在十多个世纪里，竟然没有人能意识到其中的荒谬。那些有着过人天赋的人，诸如牛顿、伽利略、莱布尼茨等科学家，没有任何一刻会觉得这样的故事是真实的。普遍的信仰具有催眠的作用，这是最典型的一个事实，与此同时，也没有其他的事情能够表明，我们理智的局限性十分令人汗颜。

群体的头脑中，一旦有新的教条生根，那么这些教条作为源泉，会持续鼓舞人心，并且会产生出各种各样的制度、生活方式以及艺术。人们处于这样的环境中，就会被它绝对地控制。将这种普遍的信仰变为现实，这是一些实干家毕生的心愿，而制定法律的人则一心想将这种教条变为法律去执行，而哲学家、文人以及艺术家，他们的全部想法就是通过不同的方式来表现它。

一些短暂的观念可以从这些基本的信念中派生出来，但是，它们总是带有基本信念的印记。我们所知的埃及文明、集中于阿拉伯地区的穆斯林文明，还有中世纪的欧洲文明，其实都是几个有数的宗教的产物。在我们所列的这些文明中，就算是最微小的事物，它们所带有的印记，也能够一眼辨认出来。

所以，也幸亏存在着普遍的信念，每个时代的人都在一个相似的环境中长大，在这个环境中，有着相似的传统、意见和习惯，这些人是无法摆脱这些东西的束缚的。人的行为，首先支配它们的是信念，同时由这些信念形成的习惯也会支配它们。我们生活中最细微的行动就会由这些信念调整，即使最具独立精神的人，也无法摆脱这些信念的影响。唯一的、真正的暴政，正是那些支配着人们头脑的暴政，而且在不知不觉间就已经支配了，因为我们根本就没有办法同这些暴政对抗。没错，我们知道的提比略、拿破仑，还有成吉思汗。他们确实是可怕的暴君，但是我们所忽略的，已经死去的摩西、耶稣还有佛祖，甚至穆罕默德，其实他们依旧在对人类实行着专制统治，甚至更为深刻和专制。我们想要推翻一个暴君，可以密谋一场暴动，但是我们有什么可以利用的资源，去反抗那些牢固的信念呢？有这样一个明显的例子，在对抗罗马天主教的过程中，最终失败的却是法国大革命，尽管群体是站在法国大革命这一边，尽管它采取的破坏手段如同宗教法庭，但是依然失败了。唯一的真正的暴君，在人类的认知中，从来都是对私人的怀念，对逝去的人的信仰。通过他们，人类为自己营造了虚假的幻觉。

在哲学上，普遍的信念是很荒谬的，但是这不会阻碍它们获胜。当然了，如果这些信念没有了荒谬性，它反而不会获胜。宗教信仰提供的幸福画面，只能在后世得到验证，后世未到，人们就无法反驳。而社会主义的幸福理想却要在当时实现，人们通过努力去实现这种理想，在努力的过程中，自然就会发现这种允诺的自负。所以，它的力量会增长，但是有时限，这个时限只能延伸到它获取胜利的那一天。所以，在这种原因下，像过去的所有宗教一样，新宗教的起点也是破坏性的影响，但是在将来，它却不能发挥出创造性的力量。

二 群众意见的多变

在上一节，我们讨论了牢固信念的力量，但是在以此为基础产生的表面上，还会产生更多的意见、思想和观念，它们不断出现和灭亡。它们生存的时间很短，有的可能在早上产生，晚上就走向了灭亡。而比较重要的，也不会超过一代人的寿命。我们说过，这些意见、思想的变化，有的时候，只是一些最为简单的表面现象，某些种族意识总会影响它们。比如，在对法国的政治制度进行评价的时候，我们说过保皇派、帝国主义者、激进派、社会主义者等，这些政党在表面上看有着很大的不同，但他们的理想绝对是一致的，并且这个理想的决定因素，完全是法兰西民族的精神结构，这是因为在别的民族中，他们通过相同的名称，看到的理想，是完全相反的。不管是那些意见的名称，还是他们用来骗人的手法，事物的本质是不会被改变的。在大革命时代，他们受到的文学熏陶都是拉丁文学，他们眼中所看到的都是罗马共和国，他们采用罗马的法律，但是他们却不会变成罗马人，因为罗马人处在帝国的统治下，这个帝国有着强大的历史意义。哲学家的任务就是研究古代的信念，看看是什么在背后支撑着这些信念，在这些不断变化的意见中，去寻找受到种族特性和普遍信念所决定的因素。

如果不从哲学方面做这种校验，人们肯定会有这种想法，群体会经常而且随意改变自己的宗教信仰和信念。一切历史，不管是政治的、宗教的，还是文化的或者艺术的，好像都能够说明，事实就是这样的。我们举一个例子加以说明，就拿法国历史上某个时期，这个时期很短暂，只有 30 年的时间，就是 1790 年到 1820 年间，差不多也就是一代人的时间。我们可以看到，在这段时期里，最开始群体中的保皇派就变得非常革命，随后不久就变成了极端的帝国主义者，到最后又变成了支持君主制的人。从宗教方面来说，他们从最初的天主教，变成了无神论者，在随后的时间里又变成了自然神论者，但是绕了一圈，最终又回到了天主教。这些变化可不只是在群众中发生，就是他们的领导者，也在经历这种变化。让人吃惊的是，国民公会中一些重要的人，最为反对国王的人，他们既不相信上帝，也不相信他们的主人，但却变成了拿破仑的仆人。他们处于路易十八的统治下，最终变成了宗教虔诚的信徒。

但是这并未结束，在以后的 70 年时间里，群众的意见变化又发生了很多次，在 19 世纪初期，那些不讲信用的英国人，他们在拿破仑的统治下，竟然转而支持法国人。俄国曾经受到法国的两次入侵，他们很开心地看着法国人后退，但是最后却和法国成为朋友。

在哲学、文学以及艺术方面，群众意见的变化就更为迅速了，自然主义、浪漫主义，还有神秘主义，它们不断登场，出现了又灭亡了，灭亡了又再次出现。那些艺术家和作家，昨天还被人们大肆吹捧，但是明天就会遭受人们的痛骂。

但是，在我们更深层次地分析这些表面现象时就会发现，一切事物，如果与民族的普遍信念相违背，那么它们是不会长久的，叛逆的支流不久就会回归主流。一种意见，如果与种族的任何普遍信念都没有关系的话，它也就不会具有稳定性，只能依靠机遇；或者，如果这种意见有一点点可取的方面，那么它会在周围环境的影响下发生变化。但是，在暗示以及传染的作用下，它们也只是暂时的。它们会匆匆地出现并成熟，但是也会匆匆地消失，这种现象就像沙滩上的沙丘。

当今，群体中容易变化的意见比之前的任何时代都要多，这里的不同原因主要有三个。

第一，之前的信仰已经逐渐没有了影响力，所以它们也不能像过去那样形成短暂的意见。因为普遍信仰逐渐走向衰落，从而让那些无历史也没有未来的暂时意见有了发挥的场所。

第二，群众的势力越发强大，越来越没有力量制衡这种势力了。群众观念多变性这一特点，就会毫无保留地表现出来。

第三，不断发展的报业持续不断地将对立的意见带给群众，每一种意见所产生的暗示作用，立刻就会被对立意见的暗示作用破坏。这种现象的结果就是任何一种意见都无法生存，都会很快消失。现在，人们还没有普遍地接受一种意见，将这种意见变成普遍信念，它就已经走向了消亡。

在世界史上，这三种不同的原因造成了一种新的现象，就是在领导舆论方面政府的无能，这成为当今时代最显著的特点。

在不久之前，政府采取的手段、很少的几个作家，还有为数不多的几家报纸，它们所产生的影响，就会真正反映公众的舆论。但是现在，作家已经没有了任何的影响力，报纸也只是意见的反映者。对于那些政客，别说他们对各种意见的引导了，就是追赶这些意见，他们恐怕都来不及。他们害怕这些意见，逐渐地变成了恐惧这些意见，因此他们所采取的行动路线就会非常不稳定。

由此一来，政治上的最高指导原则就倾向于群体的意见。这种法则已经发展到无以复加的地步，竟然能够迫使不同的国家结成联盟，比如最近的法国和俄国之间的结盟，就几乎是群众的运动促成的。目前有一种常见而又很奇怪的病，人们经常会看到那些高高在上的国王、教皇或者皇帝，他们愿意接受采访，将他们对某一问题的看法交给群众去评价。在过去，政治事务上的事不能感情用事，这种说法还算正确，但是到现在，政治受到群众意见的影响越来越大，而群众组成的群体却又缺失理性，那么现在来说，这种说法已经算不得正确了。

至于过去一直引导群众意见的报业，它们现在就和政府一样，在群众势力面前，报业也开始屈从。当然，我们不能说报业没有了影响力，相反，它的影响力还是很大的，只是它现在反映的都是群众的意见，以及群众意见的变化。既然报业仅仅成为反映群众意见的载体，那么它就不会再努力让人们接受某种意见和观念。出于竞争性的必要，报业也只能跟着群众思想的变化而变化，因为它们非常害怕失去自己的读者。在过去，那些影响力很大并且较为稳定的报业，比如《宪法报》《世纪报》或者《论坛报》，它们在上一代人的心目中，是传播智慧的，可是到现在，它们有的已经消失了，有的已经成为现代最为典型的报纸，那些最有价值、最有意义的新闻，不是被夹杂在各种轻松的话题里面，就是在一些社会的奇闻异录或是金融说辞之间。当今，没有哪家报纸有超乎想象的资金，能够让它的编写人随意发表传播自己的意见，因为对于有些读者，他们只想得到消息，并且一贯对那些深思熟虑的断言持怀疑态度，这些意见对于他们来说几乎没有价值。甚至那些评论家也不能再说这本书取得了成功。他们可以发表恶劣的言论去中伤，但是却不能为此提供服务。报馆都清楚，形成批评或者形成某个人的意见，没有任何意义，于是他们就开始打压批评，但是只限于提一下书名，然后说上两三句"赞扬的话"。在差不多20年的时间里，这种现象就会发展到对戏剧的评论上。

现在，密切关注群体的各种意见，已经成为政府和报业首先要做的事。它们想要知道一个事件、一次演说或者一项法案，对群众造成的影响，但是又没有任何的中间环节，这可不是一件容易的事，因为群众意见的多变性，没有任何事能够超过它。在当今，最为常见的就是，对于一件事，群众昨天还对它大加赞扬，今天却又十分严苛地批评。

能够引导意见的力量是不存在的，再加上普遍信仰的不断消亡，产生的唯一结果就是，不管是什么秩序，总会存在着完全相反的意见。并且让群众产生一种态度，就是只要不是直接触及他们的利益，他们就不会关心。那些探究社会主义信条的研究，只在文化薄弱的阶层才能找到拥护的人，比如矿山的工人。而那些中产阶级的下层人员，或者是稍微受到过一些教育的人，他们要么彻底地变成了怀疑论者，要么他们所持的意见非常不稳定。

向着这个方向发展，在过去的 25 年时间里，变化是非常惊人的。但是在这之前，那段时间虽然与我们距离不远，人们的意见还呈现出一般的趋势，这是因为他们接受着一般的基本信仰。某人如果是君主制的拥护者，就这一事实，我们便可以说，他有着明确的历史观和价值观；某人如果是共和主义者，只根据这个事实，我们可以说他肯定持有着完全相反的意见。拥护君主制的人，心里非常清楚，人的祖先不是猴子；而拥护共和主义的人，心里也非常清楚，人的祖先就是猴子。为王室说话，是拥护君主制的人的责任；而为大革命说话的，则是共和主义者。只要提到一些人的名字，比如罗伯斯庇尔，或者马拉，那就必须用宗教式的虔诚语气。同样，如果提到恺撒、拿破仑或者奥古斯都，那就必须给他们猛烈的痛斥。就算在法兰西的索邦，这种理解历史的幼稚方式，也普遍存在着。

现在，因为讨论和分析，所有的意见都没有了名望。意见的特征退化得很快，持续的时间也非常短暂，我们的热情也就很难被唤醒。现代人也开始变得越发麻木不仁。

我们不必太过悲伤地考虑意见的衰退。不需要怀疑，这肯定是一个民族走向衰落的征兆。当然了，那些伟大的、有超前眼光的人，或者是领袖，他们都有着一颗真诚的心，怀有强烈的信念。这些人同专政、麻木不仁的人比较，将会具有更大的影响。但是我们千万不要忘了，因为目前群众的势力过于庞大，一旦某种意见被普遍接受，有了强大的声望，那么它将很快拥有专制权利，而且极其强大，让所有的事情全部屈服于它，能够自由讨论的时代也就消失了。有的时候群众是步态悠闲的主人，但是也会狂暴和反复无常，就像赫利奥加巴勒一样。一种文明，如果使得群众占据了上风，那么它离消亡也就不远了。如果非要找一些事去延缓它的毁灭，那就只剩群众极不稳定的意见了，还有群众对所有普遍信仰所表现出的麻木不仁。

Gustave Le Bon
Psychologie des Foules

第一章
群体的分类

1. 异质性群体。它们不同的类型／种族的影响／群体精神无法敌过种族精神／种族精神代表的是文明状态，群体精神代表的是野蛮状态。

2. 同质性群体。它们不同的类型／派别、身份团体和阶级。

我们已经在本书前面的部分讲述了群体心理具有的一般性特点。仍然需要说明的是，在受到一定的刺激影响之后，不同类型的一些集体可能会变成一个群体，它们是具有各自的特点的。下面我们就先来简单谈谈有关群体分类的问题。

　　我们先把简单的人群作为起点来考虑。当由许多人组成的人群是属于不同的种族时，我们就可以从中看到它们最初级的形态。在这种情况下形成的群体，要想使他们团结起来，拥有共同的纽带，就需要看他们的头领受到尊敬的意志有多少。野蛮人曾经在几百年的时间里不断进犯罗马帝国，这些野蛮人的来源十分复杂，因此我们可以把这些野蛮人作为这些简单人群的典型。

　　有一个比以上说到的由不同种族的个人组成的人群更高的层面，是由一些因为受到某些影响从而获得了共同特征的人，他们可能最终会形成一个种族的人群。这样的人群有的时候可以表现出某些群体所具有的特征，但这些特征在一定程度上是无法敌过种族的因素的。

在本书中我们讲述过许多可以对群体造成影响的因素，在这些因素的作用下，上面所说的两种人群可以转变成有机的或者心理学意义上的群体。我们可以将这些有机的群体进行划分，大致分为以下两类：

（1）异质性群体

a. 无名称的群体（如街头群体）

b. 有名称的群体（如议会、陪审团体等）

（2）同质性群体

a. 派别（政治派别、宗教派别等）

b. 身份团体（军人、僧侣、劳工等）

c. 阶级（中产阶级、农民阶级等）

我们在接下来的论述中将简单介绍一下这些不同类型群体所具有的特征。

一 异质性群体

在本书前面的章节中，我们研究的可以说一直都是这种异质性群体的特征。它们的组成部分很多，那些组成群体的个人，有着任何特点、任何职业、任何智力水平。

根据事实我们就可以得知，人是行动群体中的一员，但他们的集体心理与个人心理有着本质上的差别，并且他们的智力也会受到这种本质差别的影响。我们已经了解到，智力在群体中是起不到任何作用的，群体基本上完全处于无意识情绪的支配之下。

种族是一个很基本的因素，这个因素使得不同的异质性群体几乎没有任何的相同之处。

我们知道，种族有一个最基本的作用，那就是它是人们行动最强大的决定因素。在群体的性格中，我们也可以看到这种作用的影子。如果一个群体是由偶然聚集在一起的一些个人所组成的，当这些人全是中国人或者英国人时，他们同时有着不同的特征，但依然属于同一个种族的人，就如同俄国人、法国人或者西班牙人所组成的群体，这些不同的群体是存在很大的差异性的。

环境可以形成一个群体，虽然这种情况是很少见的。那些包含不同民族的群体如果比例大体相同的话，他们会有各自所继承的心理结构，这就使得他们的感情和思想方式存在着巨大的差异，这些差异会变得非常突出，即使当时让他们聚集在一起的利益是非常具有一致性的，但差异还是会发生。曾经，社会主义者做过许多努力，他们想在一些大型的集会活动中，将各个国家的工人代表集合在一起，但这些努力都没能成功，集会的结局总是在公开的分歧中不得不草草收场。拉丁民族的群体，不管是他们选择革命的时候，还是保守时期，总是会求助于国家的干预，从而达到实现自己要求的目的。这种做法毫无疑问选择的都是倾向于集权，或明或暗地，他们最终都选择了独裁。相反而言，英国人或者美国人的群体就有所不同，他们从来不拿国家当回事，他们靠的主要是个人的主动精神。法国人的群体又有所不同，他们看重的是平等，这与英国人的群体看重自由是不同的。这种差异性的存在，就使得几乎有多少个国家，就会形成多少种不同形式的民主和社会主义。

由此可见，种族的气质可以对群体性格的形成产生重大的影响。它的存在基本上决定了群体性格如何发生变化。这样我们可以得出一个等同于定律的结论，那就是，如果种族精神达到空前的强大，相比之下，群体的次要性格就会变得没那么重要了。群体所具有的状态，或者说支配群体的那种力量都类似一种野蛮的状态，或者可以理解为向这种野蛮状态的一种回归。种族需要的是获得稳定结构的集体精神，只有这样，种族才会逐渐摆脱那种缺乏思考的群体力量，进而走出野蛮状态。除了这种种族的因素以外，异质性群体有一个很重要的分类，那就是无名称的群体和有名称的群体，比如说街头群体和精心组织起来的议会团体就是代表。前一种无名称的群体缺乏应有的责任感，而有名称的群体则具有一定的责任感，这种责任感的存在，就使得他们的行动会有很大的不同之处。

二 同质性群体

同质性群体包括派别、身份团体、阶级。

同质性群体组织过程的第一步便是派别。在教育、职业和社会阶级各个方面归属并不相同的个人，如果出现一种共同的信仰，就可以将这些人联系在一起，形成一个派别。最显而易见的例子便是宗教和政治派别的存在。身份团体是其中最容易组织起群体的一个因素。在派别中，有许多职业、教育程度和社会环境大不同的个人，他们能够联系在一起，靠的便是拥有共同的信仰。但身份团体不同，它是由职业相同的一些个人组成的，这就使得他们是具有相似的教养或者比较一致的社会地位的。最常见的例子便是军人和僧侣团体，它们分别代表了一种派别和身份团体。

而阶级和派别又有所不同，阶级的组成部分是来源不同的个人，能够让他们结合在一起的不再是共同信仰的存在，也不是所谓相同的职业因素。他们是由于某种利益、生活习惯以及相同的教育走到一起的。比如说中产阶级和农民阶级的存在。

在这本书中，我们主要讨论异质性群体，把这些同质性群体放在另外一本书中单独研究。只是就一些典型的特殊群体进行简单的研究。

第二章
所谓的犯罪群体

所谓的犯罪群体/群体在犯法时也许并不是心理犯罪/群体行为具有绝对的无意识性/"九月惨案"参与者的心理探究/他们的逻辑、残忍和道德观念。

在兴奋期过后，群体会进入一种无意识的状态之中，这种无意识状态是一种纯粹自动的状态。在这种状态下，群体会受到各种暗示的支配，因此，我们并不能理由充分地将它视为一个犯罪群体。这种定性可能是错误的，但最近许多心理学的研究使得这种说法很是流行，因此我保留这个说法。由此可见，如果仅仅就群体本身而言，有些行为确实应该定义为犯罪行为，但是，在一些特殊的情况下，这种犯罪行为类似另一种行为，比如说一只老虎让幼虎把一个印度人咬得血肉模糊，然后再将其吃掉，不是为了什么，仅仅是作为消遣而已。

通常情况下，群体犯罪的动机一般都是一种强烈的暗示存在，在参与完这种犯罪行为之后，他们依然坚信自己的行为没有违法，而应该是在履行一种责任，这就使得这种犯罪与我们通常所说的犯罪在本质上有很大的差别。

群体犯罪的历史是可以说明一些实情的。

历史上最为典型的事例便是巴士底狱监狱长遇害一事。一群极度兴奋的人在攻破监狱长的堡垒之后，将其团团围住，四面八方的人都在对其拳打脚踢。甚至有人建议将其吊死，然后砍下他的头，拴在马尾巴之上。在监狱长反抗的过程中，他偶然踢到了一个在场的人身上，就因为这一脚，人们便纷纷建议割断监狱长的喉咙，而执行者就是那个挨踢的人。这样的建议立刻得到了群众的普遍赞同。

那个挨踢的人，其实是一个干完活的厨子，由于无所事事，好奇心驱使他想要去看看到底发生了什么事情，于是他去了巴士底狱。由于所有人都觉得他们的做法是正确的，因此他也就跟着相信这样的做法没什么不对，反而是一种爱国的行为，甚至自认为应该因为自己杀死了一个恶棍而得到一枚勋章。他借来的刀有些钝了，于是就掏出自己的一把黑柄小刀，由于自己有厨子的功底，他成功地执行了这个命令。

以上这个例子很好地解释了我们的理论。我们经常会受到别人的怂恿并服从这种行为，这种行为会因为来自集体而变得异常强大，杀人者并没有罪恶感，反倒认为自己干了一件非常有功德的事情，由于自己得到了无数同胞的赞同和支持，因此他这样认为是理所当然的。这种事从法律的角度来考虑的话，我们可以说是一种犯罪行为，但从心理上讲这样的行为却不能被认为是犯罪行为。

犯罪群体也是群体的一种，因此它所具有的一般特征和其他群体并没有很大的差异：他们同样易受怂恿、易变，容易轻信别人，会把良好或者恶劣的情感进行夸大，表现出一种道德的行为感。

法国历史上有一个"九月惨案"，这个群体在历史上留下了最为凶残的记录，以上所说的群体特征，在这个群体中都有所表现。事实上，制造"九月惨案"的群体和制造"圣巴托罗缪惨案"的群体是非常相似的。泰纳根据当时的文献做过非常详细的描述。

没有人确切地知道究竟是谁下达了杀掉犯人、空出监狱的命令。其实这并不重要，不论是丹东还是别的人。我们真正关心的只是一个事实，就是那些参与屠杀的群体肯定受到了强烈的怂恿。

这个群体是个典型的异质性群体，其间大概杀了有 300 人。这个群体里有少数人是职业无赖，剩下的主要是一些小店主和其他各行业的手艺人，比如锁匠、鞋匠、店员、邮差、泥瓦匠和理发师等。这些人在其他人的怂恿下，完全认为自己的行为是在完成一项爱国主义任务，就如同前面例子提到的那个厨子的想法一样。他们一起挤在一间办公室，自己既是法官，也是执行官，但他们从未觉得自己是在进行一项犯罪活动。

他们都坚信自己背负的是一项重要的使命，并且表现出一种群体的率直特性和幼稚的正义感，在这种认知下，他们进行着搭建审判台的行动。由于受到指控的人数很多，于是他们决定将贵族、官员、王室仆役和僧侣一同处死，并不曾对他们的问题进行一一的案件审判。这可以归结为，在一个杰出的爱国者看来，对于所有的人，并没有必要一一审判，只凭借他们所处的职业就可以轻易地将其判定为罪犯或者无罪。而其他的人，就可以根据他们的个人表现以及声誉做出应有的判决。这种方式使得群体那种幼稚的良知得到满足，这样，他们的屠杀就变得合法了，那种残忍的本性也就在这个过程中得到了尽情释放。在其他书中，我也讨论过这种本能的来源，群体总是可以轻而易举地将这种本能发挥得淋漓尽致。正像群体通常会表现的那样，这种本能同样可以使他们表现出一些相反的情感，比如他们的善心经常和他们的残忍一样会有极端的表现。

"他们对待巴黎的工人就表现出了极大的同情和非常敏锐的理解。在阿巴耶，他们中的一员得知有囚犯24小时都没有喝上水，便想将狱卒打死，最终在犯人们的请求下才没有真的这样做。当一名囚犯被法庭宣告无罪后，所有的卫兵和刽子手都兴奋不已，热烈鼓掌并与他热情拥抱。"大屠杀就在这种欢快的情绪中发生了，他们围在尸体旁唱歌跳舞，为了享受观看处死贵族的乐趣，他们还为女士安排了长凳,这样的表演似乎还具有一种特殊的正义气氛。

阿巴耶有一名刽子手,曾抱怨当时的情形,他们把女士们安排得很近,就是为了让她们看得更加真切,因为这样的安排,当时只有少数人享受到了痛打贵族的乐趣。为了延长受害者受苦的时间,他们决定让受害者从两排刽子手中间慢慢穿过,由刽子手用刀背砍他们。在福斯监狱,受害者会被剥得精光,然后在半小时里接受凌迟,这个过程可能会持续很长时间,直到所有人都看够了为止,最后才一刀切开他们的五脏六腑。

我们说过,他们身上也是具有群体道德意识的,因此刽子手们并不全无顾虑,受到道德意识的左右。他们是拒绝占有受害者的首饰和钱财的,他们会把这些东西统统放在会议桌上。

以上我们介绍的犯罪群体的所有行为中,都可以看到群体头脑中一种特有的幼稚的推理方式。曾经在他们屠杀了 1200 到 1500 个民族的敌人之后,他们觉得有些监狱如同养老院、托管所一样,比如关着老人、乞丐和流浪汉的那些监狱,这些人在他们眼里是没用的人,因此有人提议将他们全部杀掉,这样幼稚的推理得出的提议,居然立刻就被采纳了。这些受害者中当然也会有人民的敌人存在,有一位下毒的寡妇,名叫德拉卢,当时是这样评价她的:"她对坐牢感到非常愤怒,她曾说过,如果自己有能力的话,一定会一把火将巴黎烧掉。这样的人，除掉最好。"这样的理论听起来非常令人信服，似乎很有道理，于是囚犯们无一例外地都被处死了，其中甚至包括儿童，共计有 50 名 12 到 17 岁的儿童也被当成人民的公敌，全部处死了。

这些处决工作持续了一周的时间，刽子手们本可以休息了。但他们并没有，而是前往政府去请赏，因为他们坚信自己为了祖国的事业立下了汗马功劳，那些最热情的人甚至要求被授予勋章。

1871 年，巴黎公社也有类似的历史事件发生。在这种情况下，群体的势力在不断增长。相应地，政府的权力也就只能节节败退，很自然地便会发生很多相同性质的这类事件。

第三章
刑事案件的陪审团

陪审团的一般特点 / 陪审团的判决独立于它们的人员成分 / 影响陪审团的方法 / 辩护的形式与作用 / 如何说服关键人物 / 令陪审团迟疑或者严厉的不同罪行 / 陪审团制度的好处。

陪审团有各种不同的类型，我们没法在这里对所有的类型进行一一研究，因此将主要精力用来评价研究最重要的一个陪审团，那就是法国刑事法庭的陪审团。在有名称的异质性群体中，这是一个非常好的例子。可以看到，这样的陪审团同样会表现出易受暗示以及缺乏推理能力的特点，当陪审团处于群众领袖的影响之下的时候，同样受到的主要是无意识情绪的支配。在这样的研究之下，我们还可以看到那些不懂群众心理的人，会犯下许多有趣的错误。

　　首先，组成群体的许多不同的成员在需要做出判决的时候，他们的智力水平无关紧要，是不需要特意考虑的，陪审团在这个方面就为我们提供了一个很好的例子。我们已经在前面的研究中知道，对于一个善于思考的团体，当他们需要对某一个非完全技术性问题征求意见的时候，智力基本上是起不到任何作用的。举个例子，对于一群科学家或者艺术家而言，他们组成了一个团体，如果需要就一般性的问题做出判断的话，与那些由一群泥瓦匠或者杂货商相比，并没有什么不同。1848年以前，对于陪审团的成员选择，法国政府要求慎重选择，选出的陪审员要有教养，比如教授、官员、文人等。但在现在这个年代，陪审团的大部分成员则来自小资本家、商人或者雇员。但有一个很奇怪的现象，无论组成陪审团的成员是哪一类人，他们做出的判决基本上都是一致的，没有太大区别。我们甚至可以发现，即使那些对陪审团制度有所敌视的地方长官，对这种判决的准确性也是承认的。贝拉·德·格拉热先生曾是刑事法庭的一位庭长，他曾在自己的《回忆录》中表达过自己的看法：

> 今天，如何选择陪审员的权力实际上都在市议员的手里。他们可以根据自己所处环境的政治以及选举的要求，决定谁可以成为陪审员，谁不可以。最终，大多数进入陪审团的人都是一些生意人，另外还有一些政府部门的雇员，这些人好像都不是特别重要的人。当法官宣布开庭之后，他们的意见和自己所有的专长就无法再发挥多大的作用了。许多陪审员都像新手一样热情，他们有着良好的意图，这些人都在法庭上处在恭顺的处境下，即使如此，陪审团的精神依然未曾更改：它的判决依然是有效的。

我们最应该记住的是，以上这段话所得出的结论，至于那些软弱无力的解释就不甚重要了。这些解释并不需要我们觉得有什么奇怪之处，因为和地方长官基本一样，这些法官对群体心理同样一窍不通，对于陪审团也并不了解。从刚才我们提到的那位作者的生平中，我们还可以发现另一个现象依据，那就是，刑事法庭最著名的出庭律师之一拉肖先生，他曾处心积虑利用自己所拥有的权力，在所有的案件中都竭力反对让一些聪明的人出现在名单上。但事实证明，这些所有的反对实际上并没有什么用处，最为明显的事实便是，今天所有的公诉人和出庭律师，以及那些被关在巴黎监狱的人，都已经放弃了自己反对陪审员的权利，这些陪审团的判决事实上并没有什么变化，就如德·格拉热先生所表述的一样，"它们既没有变得更好，也不曾变得更坏"。

如同群体一样，陪审团也是处于极其强烈的感情因素的影响下，他们很少会被证据打动。曾有一位出庭律师说过，"他们见不得一位母亲用乳房喂养自己的孩子或者别的孤儿"；德·格拉热则认为，"一个妇女，只要在法庭上装出一副唯命是从的样子，就能非常成功地赢得陪审团的仁慈"。

对于自己也可能成为受害者之一的罪行，陪审团都会毫不留情，因为这些罪行一般都是对社会具有一定危险性的。但是对于那些因为感情原因造成的违法案件，陪审团的表现就会十分优柔寡断。比如常见的未婚母亲杀婴罪，使用泼硫酸的方法对付诱奸行为，或者抛弃自己男人的妇女。在这样的罪行面前，陪审团很少表现得十分严厉，因为他们会认为，这样的罪行对他们自己以及社会本身是不构成威胁的，社会依然会正常地运转，并且，一个被抛弃的姑娘在并不受法律保护的国家里，她如果选择为自己复仇，这样的行为在陪审团眼里不仅是无害的，反而有一定好处，那就是可以恐吓那些未来的诱奸者再犯下相同的罪行。

陪审团也是群体，和其他群体一样，也会深受名望的影响。德·格拉热曾说过，陪审团在构成上虽然是非常民主的，但是在好恶态度上，他们的表现则很是贵族化："出身、头衔、名望或者万贯家财，甚至是来自著名律师的帮助，总之，这些所有不寻常的特点，以及所有能够给被告增光的事件，都可以帮助被告者获得非常有利的处境。"

所有杰出的律师都会把自己的心思用在如何打动陪审团的事情上，这样，就如同对待所有群体一样，只要做到了打动陪审团，那么，即使没有很多的论证，或者推理方式特别幼稚，他们依然可以得到陪审团的支持，获得成功。英国有一位律师曾因为在刑事法庭上赢得了官司而变得赫赫有名，他总结了一些应当遵循的行为准则：

在进行法庭辩护时，一定要记得留心观察陪审团的反应，这样就可以发现最为有利的成功机会。律师需要借助自己的眼光以及积累的经验，观察陪审员的表情变化，来判断自己每句话所达到的效果如何，从而得出采用什么论证证据最为有效的结论。首先，律师需要确认，陪审团的哪些成员已经赞同了自己的理由。这样的确定是不需要花费太多工夫的。其次，需要将自己的注意力更多地放在那些还有些犹豫不决的陪审员身上，想办法弄清楚，为什么他们不赞同自己的观点，为什么会对被告有敌视心理。这个过程是律师工作中非常奇妙的部分，因为要想指控一个人的罪行，除了最基础的正义感之外，还可以有很多其他的理由。

　　这位律师的总结说明辩护术的全部奥妙之处。这样，我们就可以更好地理解一个事实，那就是事先准备好的演说往往达不到很好的效果，这是因为演说需要的是随时根据现场的反应改变自己的措辞和演讲方式。

　　辩护人其实并不需要做到让陪审团的所有人都接受他的观点，他需要做的只是争取那些灵魂人物，他们是可以左右普遍观点的核心人物。就如同其他所有的群体一样，在陪审团中，也有少数对别人起支配作用的人。前面我们提到的那位律师曾说过："一两个有势力的人物存在的话，就足够让陪审团的人愿意跟着他们的思路走。"因此，律师需要做的就是巧妙地用暗示获得这两三个人的信任就好。首先，我们知道，最为关键的事情就是努力取悦这些灵魂人物。当群体中那个已经成功博得欢心的人出现后，他就处在一个被说服的时刻，这个时候，无论律师向他提供任何证据，他都会认为这种证据是最具说服力的。拉肖的报道中曾有这样一段话可以论证我上边所说的这个观点：

> 在审判过程中，大家都知道，拉肖所有的演说都不会将自己的注意力离开那两三个陪审员，他们是让拉肖感到既有影响力又很固执的。通常情况下，拉肖都会努力将这些不易被驯服的陪审员争取过来。但有一次，在外省不得不对付一个陪审员的时候，拉肖使用最为狡猾的论辩，花了大半个小时，依然没有将这个陪审员说服。这个陪审员是第七陪审员，场面一度变得很尴尬。突然，就在辩论的激烈时刻，他却停顿了片刻，面对法官说道："阁下是否可以令人将前面的窗帘放下来，第七陪审员已经被太阳晒得快要晕了。"就这样简单的一句话，便使得那个陪审员脸红起来，并微笑着向拉肖表达了自己的谢

意。当然，这位陪审员也就这样被争取到辩方的队伍中了。

最近，许多作家，其中还包括一些最为出众的作家，他们组织了一场反对陪审制度的强大运动，面对一个不受控制的团体犯下的错误，其实这样的陪审制度是保护我们免受其害的唯一方法。有些作者认为，应当只从受过教育的阶层招募陪审员，但事实上我们已经论证过，即使如此，陪审团最终做出的判决也和现在不会有太大出入。另外还有一些作者，以陪审团会犯下错误为依据，希望将陪审团制度废除，只留下法官就好。这种想法很明显是不合理的，所谓的改革家总是这么一厢情愿。事实上，那些被指责为陪审团犯下的错误，最开始都是由法官造成的。被告之所以会被带到法庭进行审判，那是因为在此之前，一些地方官员、督察官、公诉人和初审法庭已经将他们定为有罪之人了。由此可见，如果废除了陪审团，只由法官进行判决的话，那些被定为有罪的人，岂不是失去了唯一的找回清白的机会。因此，我们会说，陪审团犯下的错误，首先应该是地方官犯错在先。因此，如果庭审过程出现了特别严重的司法错误，那么最先应该受到谴责的一定是地方官。最近有一场针对 L 医生的指控，大概就是这样的。有个督察官愚蠢至极，他仅仅是收到了一位半痴呆女孩的揭发，就对这位医生提出了起诉。那个女孩指控 L 医生为了 30 法郎，非法地为她做了手术。这次的指控最终惹恼了公众，才使得 L 医生在最高法院院长那里得到了自由，避免了身陷囹圄的命运。被指控的 L 医生得到了同胞们的赞誉，这场错案也就昭然若揭。事实上，那些地方官最终也承认了自己的错误，但由于身份所限，他们竟然极力阻挠签署赦免令。因此，在所有类似的事件中，在面对一些自己无法理解的技术细节的时候，陪审团都会倾听公诉人的意见，那是因为他们相信，那些训练有素的官员，一定对案件进行了最好的调查。那么，到底谁才是错误造成的罪魁祸首，是陪审团还是地方官？我们应当做的是大力维护陪审团，因为它是唯一一个无法由个人来取代的群体类型，也只有陪审团的存在才可以缓解法律的严酷无情。法律本身是对所有人一视同仁的，因此从原则上，它是无法考虑和承认很多特殊情况的。法官当然也是冷酷无情的，除了法律条文以外，他们不会理会任何其他的事情。正是出于法官这种职业的严肃性，对于黑夜里越货杀人者，因为贫困或者受到诱奸者抛弃而选择杀害婴儿的可怜姑娘，法官往往会做出同样的刑罚判决。而陪审团则不一样，他们出于情感的本能，会认为跟那些逃避法网的诱奸者相比，被诱奸的小姑娘的罪过要轻很多，理应对她宽大处理。

在了解了身份团体的心理活动，也对其他群体心理有所了解之后，对于一个受到错误指控的案件，我们更加坚定地认为，应该去找陪审团，而不是地方官。在陪审团那里，我们或许还有一丝找回清白的机会，但如果找的是后者，那么他们承认自己错误的可能性基本上是不存在的。因此我们说，群体的权力会令人生畏，然而，有些身份团体的权力则更加让人感到害怕。

第四章
选民群体

选民群体的一般性特点/如何说服他们/候选人应具备的素质/名望的必要性/工人农民为何不选择自己的同行/词语和套句对选民的影响/竞选演说的一般性特点/选民的意见如何形成/政治委员会的权力/最可怕的专制由他们代表/大革命时期的委员会/即使有缺陷,普选权依然不能废除/即使限制选举权,选举结果也不会改变。

选民群体，顾名思义，就是那些有权选出某人担任一定官职的群体。这样的群体属于我们前边所说的异质性群体，但是，他们的行为仅限于一件规定十分明确的事情，他们需要做的是在所有的候选人当中，做出他们的选择，因此他们只具有群体的一部分特征。在群体特有的特征中，他们很少会表现出推理能力，他们不具备批判的精神，他们轻信别人，易怒并且头脑非常简单。另外，我们从这个群体中依然可以发现群众领袖的影响，也可以看到断言、重复和传染这些因素的作用。

我们来考虑一下说服选民群体的方法都有哪些。从一些最为成功的方法中，我们可以很容易地发现他们所具有的心理特点。首先，我们知道，那些候选人一定是享有名望的人，而能够取代个人名望的只有财富。才干甚至是天才，这些都不是获得成功的重要因素。

还有另外一点非常重要，那些享有名望的候选人必须有能力使得选民不经过讨论就选择接受自己。选民中有大量工人和农民，但他们很少会选出自己的同行来代表自己，原因很简单，他们认为这些人在他们当中是没有任何名望的。偶尔的时候，他们也会选出一个和自己相同的人，但这种情况比较少，原因往往是为了向某些大人物或者有权势的雇主泄愤，平时选民需要依靠这些大人物或者有权势的雇主，通过选择和自己相同的人，他们会觉得自己一时成为这些人的主人，这种幻觉是致使他们做出这种选择的主要原因。

候选人若想保证自己取得成功的概率增大，仅仅具有名望是不够的。选民最不喜欢的就是候选人表现出贪婪和虚荣心。为了达到目的，他们往往会用最为离谱的哄骗手段来欺骗选民，并且毫不犹疑地做出许多异想天开的许诺，用以获得选民的认可。

如果选民是工人，最为有效的方式就是侮辱和中伤雇主。而对于自己的竞争对手，他们会采取断言、重复和传染等方法，目的是让选民相信，他的对手是个十足的无赖，恶行不断，尽人皆知。而作为竞争对手的一方呢，面对这些，他不需要费尽心思寻找证据以证明自己的清白，如果不够了解群体心理的话，只是将精力放在找到各种论证为自己进行辩护，将自己限制在用断言来对付断言的局面中，那么，他能够获胜的概率是很低的。

候选人在将一些纲领写成文字的时候，语言千万不要过于绝对，不然他的对手会因此来对付他。但是在口头纲领中，则可以适当地夸夸其谈，毫无惧色地对一些重要的改革做出承诺。因为这些夸张的语言可以产生巨大的影响效果，同时对于未来没有任何约束力，因为，这样的承诺需要不断地进行观察，而选民并不想对这些事操太多的心。他们也不在乎自己的候选人在承诺之后的实操方面可以走多远，貌似这个纲领就可以对他们的选择有所保证一样。

在以上我们谈到的这些事中，可以看到那些我们讨论过的说服的因素。我们已经讨论过，各种口号和号召具有如何神奇的控制力。一个演说家，如果明白如何利用这些说服手段，他就会发现那些可以用刀剑成就的事情，使用这种说服手法同样可以做到。像不义之财、卑鄙的剥削者、可敬的劳模、将财富社会化，这样的说法永远会产生神奇的效果，即使它们已经被使用过太多次。此外，还有一种情况，如果候选人满嘴新词，这些词语的含义虽然极其贫乏，但能够迎合各种极不相同的愿望，那么，这样的演说也是能够大获全胜的。1873年，西班牙有过一场极为血腥的革命，那场革命的许多说法就是如此，含义复杂，但可以让每个人为自己做出奇妙的解释，因此说服了大部分人。当时有一位作者曾描述过这种说法，可以引用于此：

激进派发现，集权制的共和国事实上就是君主国乔装打扮的形象而已，于是，为了迁就这些激进派，全体议会成员一致宣告，要建立一个"联邦共和国"，虽然在投票的过程中，很多人都不清楚自己的选票所赞成的究竟是什么。但这样的说法却达到了皆大欢喜的目的，人们都很高兴并且陶醉其中。人们认为，美德与幸福并存的王国就要出现在地球上，而共和主义者如果被对手拒绝授予联邦主义者的名称，那么他们会认为自己受到了致命的侮辱。在大街上，"联邦共和国万岁"这样的问候声越来越多，然后是一片赞美之声，对于军队没有纪律以及士兵自治的美德大唱赞歌。人们对于"联邦共和国"究竟是怎样理解的呢？有人认为，这是对各省的解放，类似美国和行政分权制度；也有人认为，这意味着要消灭一切的权力，进行最为伟大的变革。巴塞罗那和安达路西亚的社会主义者认为公社权力是至高无上的，他们建议在西班牙设立一万个独立的自治区，根据他们自己的要求来制定法律，并且这些自治区要禁止警察和军队的存在。在南部各省，叛乱很快就开始了，从一个城市到另一个城市，从一个村庄到另一个村庄。在这个过程中，有一个村庄发表了自己的宣言，他们所做的第一件事就是，破坏电报线和铁路，用以切断村庄和相邻地区以及马德里的一切联系。那些处境最可怜的村庄就只能寄人篱下。联邦制给各立门户的事情大开方便之门，人们到处杀人放火，无恶不作。这片土地上到处充斥着满含血腥味的狂欢。

理性是否对选民的头脑产生一定的影响，要想弄清楚这个问题，千万不要去读那些有关选民集会的报道。在这种集会上，你很难听到有价值的论证，能听到的无非就是言之凿凿、痛骂对手，以及拳脚相加此起彼伏的声音。如果这种集会会出现安静的时候，一般都是因为有个"粗汉"的存在，他宣称有一些使听众开心但让候选人很麻烦的问题要提出来。但是，反对派的满足往往是短命的，对手的叫喊声很快便会将提问者的声音压下去。报纸上报道过上千个类似的集会事例，我们可以找到一个典型来论述：

> 一次集会中，会议的组织者之一提出让大会选出一名主席，骚乱便立刻席卷全场。一些无政府主义者跳上讲台，粗暴地将会议桌占领。社会主义者也表现出极力的反对；人们开始相互殴打对方，每一个派别的人都在指责对方，认为对方是拿了政府佣金的奸细。骚乱继续着，一个公民因为眼睛被打青而离开了会场。

会议总算在这样的喧闹中逐渐各就各位,说话的权利落到了 X 同志身上。

这位演讲者开始激烈地抨击社会主义者,而对方则选择用"白痴、无赖、流氓"这样的叫骂声打断他的讲话。面对这种脏话的叫骂声,X 同志提出了自己的一个理论,根据这个理论,成为"白痴"或者是"可笑的人"的人,不再是自己,而是那些社会主义者。

昨晚,举办了五一节工人庆祝会的预演,阿勒曼派在福伯格宫大街的商会大厅也组织了一次大会。会议的口号便是"沉着冷静"。

我们把暗指社会主义者为"白痴"和"骗子"的人称为 G 同志。

所有的这些恶言恶语都会引起人们的相互攻击,演讲者和听众则很有可能会大打出手。这个时候,会场的桌椅板凳就都会变成最方便的武器。

这样的集会现象不一而足。

不要简单地认为这样的现象只会在固执的选民群体中发生,并且是由于他们的社会地位低才出现的。实际上,不管什么样的无名称的集会者,都会出现这种争论的现象,即使是受过高等教育的集会参与者,这种争论也是不可避免的。我已经说过,当人们聚集成一个群体的时候,他们的智力水平就会在不知不觉中降低,这种现象看似神奇,但在所有的场合,我们都可以找到非常有力的证明。下面这次集会的报道是从1895年2月13日的《时报》中摘录的,就是很好的例子:

> 那个晚上,虽然时间在渐渐流逝,但喧器声却有增无减。几乎没有哪个演讲者可以不被人打断地说上两句话。叫喊声每时每刻都会出现,从各个角落,甚至喊声四起。有掌声,同时也有嘘声混在其中,听众的部分成员也在不断地激烈争吵。还有一些人不停地挥舞着木棒,也有一些人不断地击打地板。呼喊声不时传出来,"把他轰下去"或者是"让他说"。
>
> C先生在整个过程中,都是白痴、懦夫、恶棍、卑鄙无耻、唯利是图、打击报复一系列词轮流说着,他还宣称要将这些东西统统消灭。

人们也许会有这样的疑问,这种环境下的选民是如何形成意见的呢?如果你有这种疑问,就说明在集体享有自由的程度这件事上出现了一个奇怪的谬见。群体是持有别人赋予他们的意见的,但他们无法夸口称自己拥有合乎理性的意见。在我们这里谈论的所有事情上,选民的意见和选票是放在选举委员会的手里的,而这些人的领袖通常都是政客,他们会向工人许诺一定的好处,因此会有很大的影响力。谢乐先生就是今天最为勇敢的民主斗士之一,他说道:"你知道什么是选举委员会吗?它恰恰是我们各项制度成立的基石,是政治机器最好的一件杰作。今天的法国就是在这样长期选举的委员会的统治下运营的。"

候选人只要能够被群体接受,并且拥有一定的财源,要想对群体产生影响就变得很容易了。根据捐款人的招认,只需要300万法郎,就可以保证布朗热将军重新当选。

选民群体的心理学就是这样的。就如同其他的群体一样:没有更好,也没有更差。

因此,以上的所有讨论,并不能得出反对普选的结论。我明白它的命运,因此出于种种实际的原因,我还是愿意保留这种办法。事实上,这些原因是通过对群体心理的一次次调查才归纳总结出来的。考虑到这些,我将对它们做进一步的阐述。

可以看出来,普选的弱点非常突出,因此没法做到视而不见。但不可否认的是,文明是少数智力超常的人的产物,它们构成了一个金字塔的顶点。随着金字塔下边各个层次的不断加宽,智力也就越来越少或者说越来越低下,这部分就是一个民族中的群众所在。一种文明之所以伟大，如果只是依靠人多势众的低劣成员所做出的选票而存在，那必然是无法让人们放心的。但是，还有一种现象我们不能忽视，那就是群众投下的选票往往是十分危险的。这种现象已经导致我们遭受了若干次侵略，我们看着由群众为其铺设道路的社会主义就要大获全胜，但异想天开的人民主权论，十有八九会让我们再次付出惨重的代价。

然而，这些意见虽然说在理论的范畴上可以让人信服，但在实践中却是另外一回事，往往会出现毫无势力的现象。如果我们还记得观念变成教条后会有不可征服的力量，我们就会承认这个理论的正确性。如果从哲学观点来看，群体权力至上的教条，就如同中世纪的宗教教条一样，是不堪一驳的，但不可否认的是，当今，它所拥有的绝对权力是和昔日教条一样强大的，因此是很难被战胜的。设想这样一种场景，一个现代的自由思想家，如果我们将其送回中世纪，当他发现盛行于当时的宗教观念有着至高无上的权力后，他会选择对其进行攻击吗？一旦他落入法官之手，而这个法官可以将他送上火刑柱，并且指控他和魔鬼有约，或者指控他参与了女巫的宴会，这个时候，他还会怀疑是否有魔鬼或者女巫的存在吗？采用讨论的方法与飓风作对，这样的想法和群众的信念一样，并没有明智多少。由此可见，今天的普选教条和过去的宗教势力一样，威力巨大。因此，演说家和作家在提到现在的普选教条时所表现出来的恭敬与媚态，即使是路易十四也没有享受过。因此，对于现在的普选教条，我们必须像对待宗教教条一样，有着一致的立场。只有时间的流逝可以对其产生影响。

另外，想要努力破坏这种教条的存在也是没有任何作用的，因为这种教条本身具有一种对自己非常有利的外表。托克维尔说过，"在平等的时代里，人们很难做到互相信任，因为他们彼此是一样的。但是他们却非常信赖公众的判断力，因为要想使得所有人都是开明的几乎是不可能的，真理并不会因为人数上的优势所在就一定与之同行"。

有人会说，可以选择将选举权进行一定的限制，比如说限制在聪明人之间，如此是否就可以做到，将群众投票的结果进行一定的改进呢？对此，我并不表示赞同，因为我已经说过，一切的集体，不管其成员智力水平如何，即使全部患有智力低下症，当他们处于群体中时，人们都会变得智力平平，面对一般性的问题时，40个院士的投票结果与40个卖水人的投票结果相比，并不会有什么高明之处。我向来不相信，如果只让那些有教养的以及受过教育的人成为选民，那些受到谴责的普选的结果就会出现不同。一个人不会因为通晓希腊语或者数学就一定掌握了特殊的智力，同样，也不会因为是个建筑师、兽医或者大律师，就对社会问题有更高的认知。我们的政治经济学家可以说都是受过高等教育的人，他们大多是学者甚至教授，然而对于那些普遍性的问题，比如贸易保护、双本位制等，他们取得过一致的意见吗？答案是否定的。原因就在于，他们的学问和我们的普遍无知相比，只是弱化了形式而已。在社会问题上，未知因素的数量是非常多的，从本质上看，人们的无知就变得并没有多少区别。

因此，我们可以知道，即使所有的选民都是掌握各种学问的人，他们的投票结果也不会比现在的情况好多少。他们依然会受到自己的情感以及党派精神的支配，对于那些我们必然会遇到的困难，我们还是没有办法将其一一解决，并且我们一定还会受到身份团体暴政的压迫。

群众的选举权不管是普遍给予的，还是给了一定的限制，不管在共和制还是君主制的情况下行使这种权利，不管在哪个国家，法国、比利时、德国、葡萄牙还是西班牙，结局也都是一样的。总而言之，这种选举权所代表的不一定是真理，而仅仅是一种种族无意识的向往和需要而已。在每个国家，当选者的一般性意见都反映着种族的禀性，而这种禀性，不管存在于哪一代人中，都没有什么显著的改变，或者说提升。

由此我们知道，对于种族这个基本概念，我们可以有另一种认识，那就是各种制度和政府，对一个民族的生活而言，产生的影响其实很小。民族主要会受到其种族禀性的支配，也可以说，受着某些品质的遗传残余的支配而已，而我们所说的禀性，也就是这些品质的总和。可以决定我们命运的神秘主因，其实就是种族和我们日常所需的枷锁而已。

第五章
议会

议会群体表现出了异质性群体的大部分特征/他们的意见非常简单/议会群体易受暗示，具有局限性/他们有着难以改变的意见和易变的意见/议而不决的原因/领袖具有的作用/议会的真正主人/演讲会的要点/没有名望的演说往往会劳而无功/议会成员感情的夸张/国民公会的事例/议会在什么情况下会失去群体特征/专家在技术性问题上起到的作用/议会制度的优点和危险性/适应现代社会要求，会造成的财政浪费和对自由的限制/结论。

在议会中，我们找到了一个有名称的异质性群体。虽然说议会成员的选举方式在各时代有所不同，各个国家之间也有区别，但本质上他们还是有着十分相似的特征的。在这样的场合，种族的影响有时会削弱，群体的共同特征有时会强化，但这些都不会妨碍它们的表现。在大小基本相同的国家，比如希腊、意大利、葡萄牙、西班牙、法国和美国等国家，在辩论和投票方面，它们的议会具有很多的相似性，这就使得它们各自的政府在这方面所遇到的困难也是类似的。

　　然而，议会制度可以说是现代文明民族共同的理想。这种制度体现的是一种观念的存在，那就是，在某些问题上，一大群人和一小撮人相比，能够做出明智而独立的决定的可能性更大。在心理学范畴，这种观念是错误的，但并不影响其得到普遍的认同。

　　议会也是群体，也具有群体的一般特征：头脑简单，多变，易受暗示，夸大感情，容易受到少数领袖人物的主导等。然而，议会的构成还具有自己的特殊性，这就使得除了群体的一般特征外，他们也有一些自己的独特表现。就此，我们来做一些简单的说明。

他们最重要的特征之一便是意见的简单化。在所有党派中，无一例外地都存在着一种倾向，那就是根据那些适用于一切情况的最为简单的抽象原则，以及普遍存在的规律用以解决最为复杂的社会问题，这种倾向在拉丁民族的党派中最为常见。当然，我们知道，由于党派的不同，原则也会各有不同，但是，就个人是群体的一部分这个简单的事实，他们就可以做到尽量将自己原则的价值进行夸大，直到将其贯彻到底才会停止。由此便产生了一种很严重的结果，议会代表总会提出各种极端的意见。

事实上，议会的意见是简单质朴的，在法国大革命时期，雅各宾党人就是一个最为完美的典型。他们的头脑中总是充满了各种含糊不清的普遍性观念，他们会将死板的原则贯彻给民众，他们喜欢用所谓的逻辑和教条来对待人，却并不关心事实如何。在谈到这些的时候，人们都清楚地认为自己经历了一场革命，但并没有实实在在地看到这场革命。有了那些十分简单的教条的帮助和引导，他们就理所当然地认为有能力将这个社会从上到下重新改造一遍，但结局并不乐观，一个高度精致的文明社会就这样倒退到了更早期的阶段。与那些极端质朴的人一样，他们为了实现自己的梦想而做着类似的事情。但实际呢，他们做到的并不是想象的那样，仅仅是将拦在他们道路上的一些所谓障碍统统毁掉而已。不管是他们当中的吉伦特派、山岳派还是热月派，全都在同样的精神鼓励下生活着。

议会中的群体是非常容易受到暗示的影响的，就如同其他所有的群体一样，这些暗示往往来自那些享有名望的领袖。但值得我们注意的是，议会群体所表现出来的这种易受暗示的特点，在某些程度上又有着一定的明确界限，这一点是很重要的。

如果涉及一些有关地方或者地区的问题时，议会中的成员都会有自己牢固而无法改变的意见，基本上没有什么论证可以改变他们的想法，动摇他们的意见。例如，贸易保护或者酿酒业的特权这类问题，都是与有势力的选民的利益相关联的，即使是狄摩西尼一样天赋的人存在，都很难做到改变一位议员的投票。在投票之前，这些选民就会发出一定的暗示，这样的暗示足以压倒有关取消的任何建议的存在，这样，在投票后，他们的意见就得到了最为稳定的维护。

另一方面，如果涉及一般性的问题，比如推翻一届内阁、开征一种新税等，这个时候的选民就很难有什么固定的意见，领袖的力量和建议在这个时候就会发挥很大的影响作用了。但是每个政党都会有自己的领袖，他们的势力在很多时候是旗鼓相当的。

这就导致了一种结局的出现，一个众议员会发现自己被夹在两种完全对立的意见之间，这时就会表现出迟疑不决的现象。这种迟疑不决就会让我们看到有时他在一刻钟之内就会做出完全相反的表决，或者为一项法案增加一条可以使其失效的条款。比如，对于剥夺雇主选择和解雇工人的权利的法案，会再加上一条几乎可以废除这个措施的修正案来达到目的。

出于同样的理由，一些稳定的意见会有，一些十分易变的意见也会存在，在每届议会上都是如此。总体来说，数量最多的还是一般性问题，这也就导致议而不决的现象在议会中比比皆是。之所以议而不决，是因为对选民的担心是一直存在的，从他们那里收到的建议总是会姗姗来迟，有可能会对领袖的影响力造成制约。我们知道，在无数次的辩论之中，如果涉及的问题在议员那里没有多少强烈的先入之见的时候，那些领袖依然会处于主导地位。

显而易见，这些领袖的存在是有必要性的，几乎在每个国家的议会中，都可以看到这些领袖以团体首领的身份出现，他们可以说是议会的真正统治者。那些组成群体的普通人，一旦没有了领袖的存在，就会变得一事无成。由此，我们可以说议会中的表决通常代表的只是极少数人的意见而已。

领袖们提出的论据在很大程度上都来自他们的名望，这也就导致领袖的影响力体现在很小的程度上。有一种现象就是最好的证明，那就是一旦这些领袖因为某些原因威信扫地，那他们的影响力也就会随之消失无踪。

对于一些政治领袖，他们的名望只属于他们个人所有，与头衔或者名声没有多少关系。有关这种现象，在1848年的国民议会上，作为成员之一的西蒙先生，也是其中一位大人物，就为我们提供了一些非常具体的例子：

> 两个月前的时候，路易－拿破仑·波拿巴还是无所不能的，但如今却变得完全无足轻重了。
>
> 维克多·雨果登上过讲台，最后却无功而返。听着他说话，人们就如同听着皮阿说话一样，因此并没有得到多少掌声。当谈到皮阿的时候，沃拉贝勒说道："我不喜欢他的那些想法，虽然他是法国最了不起的作家之一，同时也是最伟大的演说家。"基内是一个聪明过人并且智力超强的人，但并不受到人们的尊敬。召开议会之前，他好像还有一些名气，但在议会中，他却显得籍籍无名。
>
> 政治集会经常对那些才华横溢的人无动于衷，只有那些与时间地点相宜、有利于党派的滔滔辩才，才是他们最关注的人，对其是否对国家有利是不在乎的。1848年的拉马丁和1871年的梯也尔享有人们给予的很高的崇敬，

若想如他们一般，只有急迫而不可动摇的利益刺激才可以促成。一旦危险不在，议会就会立刻忘记它的感激之情和曾受到的惊吓。

上面这些话包含的心理学知识虽然很贫乏，但其中的一些事实是我所看重的。群体一旦效忠于自己的领袖，包括党的领袖或者国家的领袖，这个时候它就会同时失去自己的个性。那些服从领袖的群体，生活在这些领袖的名望影响之下，这种服从是不会受到利益或者感激之情的支配和左右的。

因此可以说，那些享有足够名望的领袖，几乎掌握着绝对的权力。有一位著名的议员，在很多年的时间里因为其享有的名望而拥有巨大的影响力，在一次大选中因为一些金融问题而被击败，但他只是做了一个手势，内阁就因此倒台了。可见其影响力有多大。有个作家是这样评价他的：

> 这位 X 先生，他让我们付出了惨痛的代价，这几乎是我们为东京湾付出代价的三倍。因为他，我们在马达加斯加的地位变得岌岌可危，我们在南尼日尔丢失了一个帝国，在埃及也失去了原来的优势。X 先生让我们丢失掉的领土，和拿破仑一世的灾难相比可以说有过之而无不及。

即使如此，我们也不能过分苛责这样的领袖。虽然说他使我们受到了严重的损失，但我们不能就此忘记一个事实，那就是他的大部分影响力都是顺应民意的，在殖民地事务上，这种民意并没有出现比过去更好的水平。领袖事实上很难做到超前于民意，他所做的一切几乎都是在顺应民意中进行的，自然会在这个过程中助长一些错误。

领袖用来说服民众的手段很多，除了他们所具有的名望以外，还有一些其他的因素是我们多次提到过的。要想非常巧妙地利用这些手段，领袖必须做到的一点就是对群众的心理了如指掌，即使是无意识的，也需要做到这一点。另外，领袖还需要知道以什么方式向民众说话，比如说各种词汇、口号和形象的神奇力量，是他们必须掌握的。最后，他还需要具备一些特殊的论辩才能，比如言之凿凿、卸去证明的重负、生动的形象以及十分笼统的论证。这样的辩才可以在所有的集会上看到。当然，作为议会中最为严肃的一家，英国议会也不例外。

英国哲人梅因曾说："在下院的争吵中，我们可以看到，在整个辩论过程中，都是一些软弱无力的大话以及盛怒的个人之间的交锋。纯粹民主的想象会受到这种公式的很大影响。让一群人通过惊人之语接受那些笼统的断言，并不是什么难事，即使这些断言并没有得到过证实,也许以后也不可能得到任何证实。"

上面的引文中我们提到了一些"惊人之语",在一些议会场合,这样的言语不管说得有多重要,都不显得过分。在本书中,我们多次提到词语和口号的特殊力量,在这些措辞的选择方面,一定要以能够唤起生动的形象为最佳选择。以下这位议会领袖的演说就是一个很好的例证:

> 那片殖民地热病肆虐,是我们的刑事犯定居点,这艘船就将驶向那里。在那里,名声可疑的政客和目无政府的杀人犯被关在了一起,他们像难兄难弟一样促膝谈心,将彼此视为这种社会状态下互助互利的两派。

以这种方式唤起的形象是非常鲜活的,演说者的所有对手在听到后都觉得自己也受到了它的威胁。在这个过程中,他们的脑海中会浮现两幅生动的画面:一片有热病肆虐的土地,还有一艘可以将他们送走的船。那些可怕的政客定义并不十分明确,他们也是有可能会被归入其中的。这样的演说使得他们可以体验到真实的恐惧,当年的罗伯斯庇尔在演说中用断头台发出威胁,国民公会的人有着同样的恐惧感觉。在这种恐惧的影响之下,对手是很容易选择投降的。

喋喋不休地说一些最为离谱的大话，这对领袖来说是一直有利的。刚才提到的那位演说家就可以做出这样的断言，并且不会遇到强烈的抗议，那就是金融家和僧侣如果资助扔炸弹的人，大金融公司的总裁也会受到和无政府主义者一样的惩罚。这种断言具有很强的影响力，永远都可以在人群中发挥一定的作用。即使断言再激烈，声明再可怕，都不算过分。在唬住听众方面，这种辩术是最为有效的方法。主要原因在于，现场的人总会担心，如果他们对这种断言或者声明表示抗议，那么他们就有可能也被当作叛徒或者其同伙被打倒。

正如上边我们所说的，这种特殊的辩论术在所有类型的集会上无疑都是非常有效的，它的作用在危难时期就会显得更加重要。从这个角度上看，法国大革命时期，出现过好多集会上的大演说家，他们的讲话读起来的话，都是非常有趣的。他们时时刻刻都会认为自己最先要做的就是谴责罪恶弘扬美德，然后选择对暴君破口大骂，并且发誓得不到自由宁愿去死。听到这些，在场的人都会热情澎湃，站起来通过鼓掌给予认同，等冷静下来后再回到自己的座位上。

还有一些领袖有着高超的智力，并且受到过高等教育，但这种优良的品质在演说方面对他们而言并没有多大益处，甚至还会有害。如果想要说明一件事情是多么复杂，这需要做出一定的解释来促进理解，在这个过程中，这些领袖所具有的高超智力就会让他们在很大程度上变得宽宏大量，而这种宽宏大量在信徒们看来就会成为信念强度不够，手段不够粗暴。在所有的时代中，尤其是大革命时期，很多伟大的民族领袖表现出来的头脑狭隘总是令人瞠目结舌，但越是这些头脑狭隘的人，所具有的影响力偏偏越大。

罗伯斯庇尔的演说可以说是其中最为著名的。在他的演说中，经常出现一些令人吃惊的自相矛盾，如果仅仅看他的这些演说的话，你会很难解释为何这个大权在握的独裁者竟有如此大的影响力：

> 有一些教学式的常识和废话，以及用来糊弄孩子们的稀松平常的拉丁文化，在攻击和辩护的过程中所采用的那些观点，往往都是来自小学生的歪理而已。这些辩护中没有思想，在措辞上也看不到令人愉快的变化，更没有切中要害的讥讽，有的仅仅是那些令我们生厌的疯狂的断言。在这样一种毫无兴趣的阅读之后，人们往往会与和蔼的德穆兰一起表示叹息。

和极端狭隘的头脑结合在一起的强烈信念，可以给予一个有名望的人很大的权力，如此想来，都有些让人心惊肉跳。一个人，如果想要做到无视面前的各种障碍,并表现出极强的意志力,就需要满足最为基础的条件。在选择自己的主人时,群体都会出于本能,选择那些精力旺盛并且信仰坚定的人,这样的人永远都是群体主人的最佳人选。

在议会里,演说的成功与否,最主要的不是取决于演说者是否能够提出有力的论证,而是由演说者所具有的名望是否足够所决定的。这样的例子很多,一般来说,一个有名望的演说者,如果因为某些这样那样的原因失去了原有的名望,那么他所具有的一切影响力也就随之消失了,他的演说很难再取得成功,他根据自己的意志影响表决的能力也就在这个过程中失去了。

对于一个籍籍无名的演说者来说,即使给他一篇论证非常充分的讲稿让其演讲,他所能做到的也就是借着论证让听众听听而已,并起不到多大的效果。德索布先生是一位有心理学见识的众议员,他曾用下面的一段话来描述一名缺乏名望的众议员是什么样子的:

> 他走上讲台,从自己的公文包中拿出准备好的讲稿,将其摆在自己的面前,然后信心十足地开始他的发言。
>
> 他曾经在吹嘘自己的时候说过,那些可以让他感到振奋的事情,他同样能够让自己的听众确信无疑。对于自己

的论证，他总是一而再再而三地进行强调，信心十足地相信那些数字和证据的力量，坚信可以说服听众。他认为，面对自己所引用的那些证据，任何的反对都不会有什么作用。于是，他开始自己一厢情愿的演讲，并且坚信自己同事们的眼力，理所当然地认为他们对于真理只会选择赞同。

当他一开始张口的时候，却发现现场并没有想象中那么安静，这使得他有些吃惊，那些听众的噪音让他备感愤怒。

为什么不能保持安静呢？为什么这么不在意他的发言呢？有人在讲话，可是那些众议员到底在想些什么呢？甚至有些众议员离开了自己的座位，是什么重要的事情让他们这样选择呢？

想到这些，一丝不安的神情从他的脸上掠过，不得已皱着眉头停下了自己的演讲。议长发现后给予了他应有的鼓励，于是他又开始了自己的发言，提高嗓门、加重语气，甚至做出各种手势配合演讲。但周围的噪音不仅没有停止，反而越来越大，直到他连自己的声音都听不见了。于是，他只能再次选择停下自己的演讲。到最后，因为担心自己沉默太久会招来更可怕的叫喊声，他只能再次开始自己的演讲，但喧闹声依然让人难以忍受。

议会也有极度亢奋的时候。在这个时候，和普通的异质性群体一样，它的情感也会表现出一种极端的特点。它可能做出一些非常伟大的英雄主义举动，当然也会犯下最为恶劣的过失。这个时候，个人不再是他自己，他几乎完全失去了自我，甚至会投票赞成一些最不符合他本人利益的措施。

法国大革命的历史就有很多这样的例子。在那个时候，议会经常会严重地丧失自我意识，而被那些本来与自己的利益截然对立的意见牵着鼻子往前走。贵族选择放弃自己的特权本来就是一种巨大的牺牲，但在国民公会期间，一个著名的夜晚，他们却毫不犹豫地选择了放弃自己的特权。我们知道，议会成员一旦放弃了自己不可侵犯的权利，那就意味着将自己永远地放在了死亡的威胁之下，但他们却出乎意料地迈出了这一步。对于在自己的阶层中滥杀无辜的现象他们并不害怕，虽然他们心里很清楚，如果今天他们选择将自己的同伙送上断头台，那就意味着明天他们也会有同样的结局。如此看来，他们已经进入了一种完全不由自主的状态之中，在这种状态之下，他们选择无条件地赞成那些已经将他们冲昏头脑的建议，任何想法都不会阻止他们做出这样的选择。他们中间的一个人，比劳－凡尔纳在自己的回忆录中将这种典型的情况记录了下来：有些决定我们一直都在极力谴责，甚至有些决定在一两天之前我们还不打算做出，居然今天都通过了。造成这种结局的，除了危机再无其他。

在所有情绪激昂的议会上，这种无意识的现象都是非常常见的。泰纳总结道：

> 他们会批准并且下令执行一些他们本来痛恨的法令。这些法令已经不仅仅是简单的愚蠢透顶了，简直就是在犯罪，他们选择杀害无辜，甚至包括自己的亲人朋友。丹东是他们的天然首领，是这场革命伟大的发动者和领袖，却在右派的支持下，经过左派一致通过，在最热烈的掌声中将这位首领送上了断头台。同时，在左派的支持下，右派一致通过，制定了革命政府最为恶劣的法令。议会对德布瓦、库东和罗伯斯庇尔等人进行了最为热烈的赞扬，在一次次的掌声中，议会全体一致同意改选，使得一个杀人成性的政府留在了台上。因为嗜杀成性，平原派对其是憎恶的；又因为草菅人命，山岳派同样憎恶它。最终，平原派和山岳派，多数派和少数派，都落得了一个为他们的自杀出力的结局。牧月22日，整个议会将自己全部交到了刽子手手中；热月8日，仅仅在罗伯斯庇尔发言

后的一刻钟之内，同样的事情被这个议会重新做了一次。

议会若是兴奋和头脑发昏到了一定程度，就会出现以上同样的特点。这样的话，它会变成一个不稳定的流体，受制于一切的刺激因素。对于1848年的议会，一位有着不容怀疑的民主信仰的议员斯布勒尔先生曾在《文学报》上发表过一段典型的描述。这段描述可以说为我讲过的，感情夸张、极端多变的群体特点提供了一个非常有力的事例。

因为自己的分裂和猜疑嫉妒，也因为那些盲目的信念和无节制的愿望，共和派最终走向了地狱。在共和派中，它的质朴和天真的特点可以说和其普遍怀疑的程度不分伯仲。他们不知纪律为何物，并且毫无法律意识，与此同时，他们有着放肆的恐怖和幻想。可以说他们在这些方面还不如乡下人和孩子。他们冷酷同时还缺乏耐心，他们的残暴程度和他们的驯顺一样，所有这些状态的存在，都是由于他们性格不成熟以及缺乏教养所导致的。在他们面前，没有什么事情是值得吃惊的，但似乎所有事情的出现都会让他们陷入慌乱。因为大无畏的英雄气概，也因为恐惧所致，他们有时候表现得胆小如鼠，有时候也能做到赴汤蹈火。

　　他们不懂事件的因果关系，也不在乎事物之间有什么联系。他们总是时而灰心丧气，时而又斗志昂扬。他们很容易表现得惊慌失措，常常过于紧张或者太过沮丧，似乎永远都不在环境所要求的最好的状态之下。他们的头脑经常处于混乱的状态，他们行为往往很异常，并且易变。具有以上这些特点的人，我们能指望他们提供什么有利的政府基础呢？

但值得庆幸的是，以上我们提到的这些在议会中会看到的特点，并不会经常性地出现。议会并非一直都是一个群体，它只有在某些特定的时刻才能成为一个群体，而在大多数的情况之下，那些组成议会的成员个人是依然保持着自己的个性特点的，这也就是议会能够制定出许多出色的法律条文的原因所在。我们需要清楚的是，编写这些法律的其实都是一些作家，他们并不是在现场编写法律，而是在自己的书房，在安静的状态下来拟定一些条文草稿的，由此可以说，那些通过表决的法律，在一定程度上是属于个人而非集体的产物，这样形成的法律就应该是最好的法律。但是，这些法律还会面临一种新的现实，那就是在议会过程后，会出现一系列针对法律条文而制定的修正案，这些修正案自然就成了集体努力所形成的产物，当然也就具有了产生灾难性后果的可能性。与孤立的个人产品相比较而言，那些群体的产品无论性质如何，都会是相对品质低劣的。在许多情况下，会有专家存在的必要性，他们会在议会可能通过一些考虑不周全或者根本行不通的政策的时候，予以阻止，在这种情况下，这些专家就成了议会暂时的领袖，他们不受议会的影响，却可以影响到议会。

我们提到的这些议会所遇到的种种困难，即使如此，仍然无法否定它的价值，议会依然是人类摆脱个人专制的最佳选择，也是人类迄今为止找到的最好的一种统治方式。对于所有构成文明主流的人，比如哲学家、思想家、作家、艺术家以及其他有教养的人，议会都毫无疑问是最为理想的统治方式。

但是，从另一方面来考虑的话，议会在现实生活中也造成了两种不可避免的后果：一是在议会举办过程中造成的财政浪费，另一个是议会对个人自由所增加的越来越多的限制。

第一种后果的形成，主要是由于各种各样的紧迫问题不时出现，另外就是一些当选群体在很多时候缺少远见。举个例子，在议会中有个议员提出了这样一项非常符合民主理念的政策，他提出一定要保证所有的工人都能够得到应有的养老津贴，或者建议不论任何级别的国家雇员都应该给予加薪。在这位议员提出这样的提议之后，其他众议员由于害怕自己的选民会有意见，他们无法忽视后者的切身利益，这样一来，就变得不敢反对这种提议中的政策，自然就会成为这一提议的牺牲品。如此一来，这项提议的实现，必然会为财政预算增加新的负担，当然也就意味着会有新的税种的设立。在这个过程中，他们不会因为知道要增加预算就变得在投票时迟疑不决，因为他们清楚，增加开支并不是马上就会面临的后果，这属于未来才需要担心的范畴，当然也就不会给他们带来当下的不利和困难。但如果他们不投支持票，在面对接下来的连选或者连任的时候，选民的态度就会有所变化，这样的后果就会非常清楚地展现在他们面前。

除了以上会扩大开支的原因外，还有一个重要的原因同样具有强制性，那就是一切为了地方目的的补助金投票都必须赞成。这种补助同样是选民最为迫切的需要，因此任何一名议员都没有办法反对这种补助，只有同意了同僚们类似的要求，才有可能也为自己的选民争取到同样的利益。

上面还提到了第二种严重的后果，对于自由，议会会不可避免地进行限制。这样的限制看似不怎么明显，但确实是真实存在的。那些大量存在的法律就是一种限制性的措施，这种结果是必然会出现的，但议会仍然觉得自己有义务对其表决通过。但经常由于当时眼光短浅，会在很大程度上对这种法律措施所造成的结果处于一种茫然无知的状态之下。

这种后果的危险性是不可避免的，在英国，那里提供了最通行的议会体制，并且议员对于其选民保持了最大的独立性，即使如此，依然没有逃脱这种危险的后果。赫伯特·斯宾塞曾经指出，那些表面性自由的增加导致的结局必然是真正意义上自由的减少。在《人与国家》一书中，讨论到英国议会时，他再次提到了这个问题，并表达了自己的观点：

>自从这个时期到来之后，立法机构总是按照我的路线行进。独裁政策在迅速膨胀，而且逐渐开始限制人们的自由，主要从两个方面来表现。在每年，都会制定很多法律，这些法律会限制之前公民完全自由的事务，并且逼迫他做一些事，这些事是他之前可以做也可以不做的事。与此同时，公共负担也越发沉重，地方性的公共负担更是如此，对于收益份额进行限制，减少他可自由支配的部分，增加他投入公共权力的部分，虽然这部分是根据他自己的喜好，但是却进一步对他的自由进行了限制。

这种对个人自由的限制越来越多，在每个国家都会有，斯宾塞没有对各种表现形式明确、具体地指出。由于大量的立法措施的通过，而且这些立法无外乎都是一些限制性的条令，那么负责实施的公务员人数、他们的权力以及影响必然就会大大增加。如果按照这个方向持续进行下去，那么文明国家的真正主人很有可能就是这些公务员。他们拥有的权力会更大，这是因为，虽然政府在不断地更换，这种变化不会对他们产生影响。他们没有个性，不需要承担责任，相应地，他们会长久地甚至永远存在下去。对于压迫性专制的执行，需要的就是拥有这三种特点的人。

一些限制性的法规在不断制定中，生活中最微不足道的一些行为，被一些特别复杂的条令圈定起来，那么公民能够自由活动的空间，肯定就会越来越小。各个国家都被错误的内容欺骗，他们认为只有多制定法律，制定各种各样的法律，才能有效地保障公民的自由与平等，所以他们几乎每天都在制定这种束缚，无疑，这种束缚是让人越来越无法忍受的。给人民戴上套子，这是他们已经习惯的方式，而且不久后，他们就会走到需要奴才的地步，将会失去人生的活力，失去所有自主的精神。到了那个时候，他们就只剩一些虚幻的影子了，他们消极，只会顺从，变得有气无力，成为名副其实的行尸走肉。

如果真的到了那个地步，作为个人，肯定会去找他自身已经没有的力量。公民的麻木、无望在增长，政府各个部门同样在同步增长。所以他们必须表现出一些个人没有的特性，如主动性、创造性，以及具有指导性的精神。这种压力就逼迫他们要承担一切，要领导一切，要把所有的一切都保护起来。于是，这样的国家就变成了无所不能的上帝，可是我们都知道，这样的上帝没那么强大，而且也维持不了多久。

在一些民族中，公民所有的自由受到的限制越来越多，但是在表面上，法律条令的许可却使他们有了一种幻觉，让他们认为自己还享有那些自由呢。在造成当前的这种情况下，它们的衰弱起到的作用，同具体的制度相比，至少作用一样大。这个衰弱期的不祥先兆，是任何文明都无法逃脱的，从古代一直到今天的任何文明。

历史给予我们的教训，还有一些对先兆的判断指出，我们现在的文明已经到了一个时期，就是在衰败时期之前的历史上早已经有过的时代。对于这样的生存阶段，所有的民族几乎都不能避免，因为从表面来看，历史总是在不断重复这个过程。

文明进化过程中涉及的这些阶段是共同的，我们可以做个简单的解释，我很容易把它们概括为一句话，用来为本书做一个结束。这种快速记忆方式的解释，对理解目前群众为什么会掌握权力，也许会有所启发。

如果我们以主要线索为依据，去评价之前文明的伟大与衰败，我们从中可以发现什么呢？

在文明出现的初期，来源不同的一群人，他们因为各种原因聚在一起，有的是移民，有的是入侵，有的是占领。他们的血缘、信仰和语言都各不相同。把这些人结为整体的纽带，是因为某个头领，而且他制定的法律没有被完全承认。这个人群内部混乱，他们的群体特征十分突出。他们有时候也会团结，但是十分短暂，表现出了一种英勇无畏的气概。他们也有很多的弱点，他们非常容易冲动，性格狂躁，想把他们牢固地联系在一起的东西是不存在的。他们是一群野蛮的人。

漫长的岁月产生了它自己的东西。环境一致，不同的种族间开始不断地通婚，他们共同的生活有着必要性，这些因素发挥了应有的作用。不同的小群体逐渐融合，成为一个大群体，这就形成了种族，有着共同的特征、共同的感情，在遗传作用下，它们越发稳定。这群不同的人变了一个民族，这个民族之前的野蛮状态，它是有能力摆脱的。可是，想要完全形成一个民族，必须通过长期的努力，也必然要重复地、多次地去斗争，还有无数次的反反复复，使它获得某种确定的理想。这个理想具有的性质是什么样的，它的重要性不大，不管它是否出于对罗马的崇拜，还是强盛的雅典，抑或胜利的真主安拉，这些都足以统一一个民族中所有人的感情和思想。

在这个阶段中，一种新文明诞生了，它包含着各种制度、艺术和信念。追求自己的理想，是这个民族经历的过程，在这其中，它会得到一些素质，这是它建立伟大功绩所必需的，我们不用对此怀疑。在有的时候，它依然是乌合之众，它的特征变化不定，但是在这背后，会形成一个稳定的种族禀性，这个禀性就决定了一个民族变化的范围很小，机遇的作用也在被支配着。

时间的工作最初是创造性的，但是完成之后就变成了破坏，无论是人还是神，谁也不能逃脱它的手掌。一个文明肯定会达到强盛期和一定的复杂度，然后就不再前进，可是一旦不再前进，它肯定就会走向衰落。到了这个时候，这个文明的老年期就到了。

这个时刻是不可避免的，而且它的特点总是种族理想的衰弱。与此相对应的，它建立起来的政治、宗教和社会结构也都在发生动摇。

这个种族的理想在不断消失，随着消失，它自己强盛的品质也就没有了。种族里面的个人的性格和智力，是可以增长的，个人自我意识强盛发展，就会取代种族群体的自我意识，同时性格也会逐渐弱化，行动能力更加减少。原本应该是一个民族、联合体，应该是一个整体性的人群，但最终变成的，却是一群没有凝聚力的个体。他们只是在一小段时间里聚集在一起，而且只是因为传统和制度，还是被人为地聚在一起。也恰好是在这个阶段，这些人被自己的利益和奢望弄得七零八落，他们治理自己的能力已经没有了。所以，同样需要领导这些最最微小的事情，这个时候，国家，渐渐地发挥出了让人瞩目的影响。

　　古老的理想一旦消失，种族的才华也就消失了。它回到了原始状态，变成一群独立的个体，成为乌合之众。它没有同一性，没有未来，它所拥有的特性只是乌合之众一时的特点。它的文明的稳定性已经没有了，毫无办法地随波逐流。至上的权力是民众，盛行的是野蛮的风气。文明可能依旧比较精彩，因为历史悠久，文明的外表依旧存在，但它已经是将要倾倒的大厦，摇摇欲坠，没有支撑，只等风暴来临，它将马上倾倒。

　　一个民族的生命循环，就是在追求理想中，从野蛮到文明，然后，理想没有了优势，便会走向衰落，然后死亡。